区域性百年均一化气温日值序列的构建

司 鹏 郭 军 王 敏 罗传军 著

内容简介

本书应用新理论、新方法和新技术，着重对京津冀区域百年逐日气温序列的构建过程和技术方法进行撰写。书中主要介绍了目前全球百年气温序列的构建概况以及亟待解决的科学问题，并以北京、天津、保定为例详细介绍了区域百年均一化逐日气温序列的构建过程及其质量评估。同时，基于新建百年逐日气温序列，评估分析了京津冀区域在全球增暖和城市化共同影响下极端高温事件的变化特征。

本书可为气象、环境、生态、水文等从事资料分析处理、气候和气候变化以及极端气候变化等研究领域的科技、业务工作者提供重要的科学参考，为城市应对气候变化与可持续发展制定科学的对策，为减缓和适应极端气候变化带来的不利影响提供科学依据。

图书在版编目（CIP）数据

区域性百年均一化气温日值序列的构建 / 司鹏等著
. -- 北京 : 气象出版社, 2023.4
ISBN 978-7-5029-7954-6

Ⅰ. ①区… Ⅱ. ①司… Ⅲ. ①气温变化－序列－华北地区 Ⅳ. ①P423.3

中国国家版本馆CIP数据核字(2023)第065864号

区域性百年均一化气温日值序列的构建
Quyuxing Bainian Junyihua Qiwen Rizhi Xulie de Goujian

出版发行：气象出版社
地　　址：北京市海淀区中关村南大街46号　　**邮政编码**：100081
电　　话：010-68407112（总编室）　010-68408042（发行部）
网　　址：http://www.qxcbs.com　　**E-mail**：qxcbs@cma.gov.cn
责任编辑：王　迪　　**终　　审**：张　斌
责任校对：张硕杰　　**责任技编**：赵相宁
封面设计：艺点设计
印　　刷：北京建宏印刷有限公司
开　　本：787 mm×1092 mm　1/16　　**印　　张**：6
字　　数：160千字
版　　次：2023年4月第1版　　**印　　次**：2023年4月第1次印刷
定　　价：60.00元

序

全球气候变暖背景下，我国极端气候事件频繁发生，对社会、经济、能源、城市建设和人们生产生活的影响越来越大，也给全球气象业务服务带来了巨大挑战。气象站的观测记录是气象业务发展的基础保障，也是气象服务中高质量气象信息的有效供给，在气象防灾减灾救灾、应对气候变化、气候可行性论证、农业安全生产、气象信息化建设及国土空间规划等多个服务领域发挥着重要作用。而长年代连续的日值观测资料是揭示全球、区域和局地极端气候事件对生态系统的影响机理及其相互作用的重要基础支撑。但目前国内外由于缺乏可靠的逐日百年尺度气候观测资料，使得20世纪50年代以前的极端气候变化规律仍然没有得到很好的诠释。因此，固牢高质量气象数据的支撑能力以及强化应对气候变化的科技支撑，加强百年基础气候资料的构建和深度研究，进而提高百年来极端气候变化规律及其成因的可靠性，对助推我国经济社会的高质量发展，提升重大气象灾害防控能力具有重要现实意义。

京津冀区域作为中国典型的城市气候群之一，生态脆弱性问题已逐渐由独立的城市演变为区域性难题。城市受到全球气候变化以及城市化本身引起的局地气候变化的多重影响，使得高温热浪、强降水和严重污染天气更加频繁和严重，并且由于城市人口的高度密集以及经济活动的高频集聚，使其很容易受到气候变化所带来的负面影响。20世纪50年代以来，全球变暖和城市化影响导致的京津冀区域气候增暖及极端气候事件增多得到了广泛印证，并且对于一些典型大城市来说，如天津，城市化对其极端气候的增暖影响在乡村地区表现得更为突出。然而，一直以来我国城市区域的百年气候变化和极端事件的影响评估较为匮乏，其中主要还是缺少完整可靠且连续的长年代气候观测资料。所以，通过建立新的百年尺度可靠基础数据，客观揭示以京津冀为代表的我国百年来尤其是1950年以前的极端气候变化特征，能够更好地认识我国极端气候变化成因，为气候变化和城市可持续发展提供科学参考。

司鹏同志一直致力于气候资料分析处理及气候变化研究，为区域气候变化领域提供了许多具有重要意义的基础性成果。该书以其多年系统深入的研究成果为基础，提出以京津冀区域为代表的我国百年逐日气温资料的完整性恢复方法和均一化处理技术，建立了逐日百年尺度的均一化气温数据集，解决百年逐日气温序列构建过程中存在的基础资料处理方法不同及处理技术内容不一致等关键问题。该书从技术方法上，对资料均一化处理程度更深入，对长年代气候序列中系统误差剔除更全面，使气候资料更具客观真实性；从时间频率上，通过构建日值序列对百年尺度极端气候事件的检测更精确，能够为减轻极端事件引发的风险，及早制定应对气候变化相关政策和适应策略提供科学支撑。

相信本书的出版能够为我国不同区域气候背景条件下长年代可靠日值序列的构建提供科学指导，从而，充分发挥我国长年代气候观测资料在区域极端气候变化研究中的科学价值。同时，也希望司鹏同志继续在基础气候数据产品研发及气候变化研究领域做出更多新的贡献。

2023 年 2 月

前言

“由于气候变化，世界上许多地方的天气、气候和水等极端事件的数量正在增加，并将变得更加频繁和严重。这意味着会有更多的热浪、干旱、极端降水和致命的洪水的发生。”世界气象组织秘书长彼得里·塔拉斯教授评论道。与此同时，政府间气候变化专门委员会(IPCC)第六次评估报告(AR6)指出，在未来全球气候进一步变暖情景下，极端热事件(包括热浪)将趋多趋强，而极端冷事件将减少减弱。在大多数陆地区域，极端温度事件强度的变化与全球增暖幅度成正比。极端热事件频次变化随全球增暖幅度呈非线性增长，越极端的事件，其发生频率的增长百分比越大。长年代完整可靠的气候资料是诠释区域气候变化和评估模式模拟性能的重要基础支撑，也是深入系统地检测区域或局地气候变化规律及预测未来气候变化趋势的可靠观测依据。然而，由于目前站点覆盖度、资料完整性及观测序列非均一性等问题，使得19世纪到20世纪中叶长达百年尺度的区域或局地气候变化特征仍然存在着许多不确定性。因此，如何建立完整可靠的长时间观测序列一直是气候变化研究中首先需要解决的关键问题。

目前国内外对于20世纪50年代以来全球尺度范围的气温序列的建立研究相对成熟，并且随着气候资料处理技术的逐步完善及研究证据的不断增加，20世纪中叶以来全球尺度和大多数陆地区域尺度极端温度事件的归因在信度上也有大幅度提高。根据IPCC AR6最新研究结论得到，全球气候增暖已是毋庸争辩的事实，随之带来的极端气候事件强度的增强以及频率的增多已达到高信度水平，即使是全球小幅变暖也会加剧极端事件频次和强度的变化。所以，这些认识不得不让我们重新审视尽可能长时间尺度完整且相对准确的气候观测资料的重要性。目前已有的全球范围温度数据集因受到序列长度、时间频率和部分数据质量问题的限制，一定程度上，无法很好地诠释全球或区域百年来尤其是1950年以前极端气候变化规律及其成因，这对于制定科学的对策减缓和适应极端气候变化带来的不利影响缺乏可靠的观测依据。但对于百年尺度的气温观测资料来说，由于收集和获取困难以及观测时间不同等非气候因素造成的序列系统误差，导致很难形成一套完整的全球百年尺度逐日气温数据集。同样，对于我国来说，由于历史原因造成1950年以前观测序列的不完整以及迁站等原因造成的气候资料非均一性，导致许多珍贵的百年尺度观测气温序列无法在区域极端气候变化研究中充分实现其重要的科学价值。在这样的背景下，撰写一本关于区域百年逐日气温序列构建的参考书，来解决百年尺度逐日气温序列构建过程中存在的基础资料处理方法不同及处理技术内容不一致等关键问题，对于推动我国不同区域气候背景条件下长年代可靠日值序列的构建，提升我国乃至全球极端气候预报预测服务保障能力是十分必要的。

京津冀作为我国典型的城市气候群之一，近年来随着我国社会经济的大力发展以及城市结构的大规模改造，该区域的平均气候态和极端气候变化特征也有了新的改变，其中最为明显的就是城市化对乡村地区平均气温和极端气温带来的增暖影响相对城市地区更为突出。因此，客观揭示京津冀区域百年来尤其是1950年以前的极端气候变化规律及其幅度，更好地认识极端气候变化成因，对我国社会经济的健康发展具有重要意义。

本书以京津冀区域为研究对象，通过研究合理的气候资料插补方法和组合性均一化分析技术，为极端气候变化领域建立新的真实可靠的百年逐日平均气温、最高气温和最低气温基础数据。本书的第1章主要介绍了目前全球和我国长年代气候观测资料的研究概况，针对长年代气候序列构建过程中资料均一化的必要性以及亟待解决的关键问题，另外，还介绍了目前我国京津冀区域百年气候序列的研究进展，以此作为全书的绪论；第2章重点介绍了区域性百年均一化气温日值序列的构建过程和相关技术方法；第3章至第5章结合实际的局地气候变化特点，详细介绍了北京、天津、保定百年均一化气温日值序列的构建过程及其数据质量评估；第6章主要是基于构建的百年气温序列，对京津冀区域极端高温事件的气候特征及其可能影响因子进行了评估分析。

本书的成书由国家自然科学基金项目(41905132)“京津冀百年均一化气候资料日值序列构建的研究”提供资助，本书的出版得到了天津市气象局的支持。同时，本书撰写过程中，得到多位气候资料分析处理及气候变化研究领域资深专家学者的专业指导，大幅度提升了本书的科技水平。中国气象科学研究院翟盘茂研究员针对本书的内容结构给予了建设性意见，并提出许多审阅意见；中山大学大气科学学院李庆祥教授针对百年气温序列的构建过程和技术方法给出建设性意见，并提出许多修改意见；国家气象信息中心正研级高工熊安元对本书提出许多审阅意见。另外，很多同事也参与了本书部分章节的研究工作，广东省韶关市气象局的王敏和天津市气象信息中心的罗传军参与了本书第 3 章至第 6 章基础数据收集整理、分析处理及研究方法的构思等，为本书的撰写提供了重要支撑；本书第 3 章至第 5 章部分气候资料处理技术和方法以及第 6 章部分气候特征分析得到了天津市气候中心郭军正研级高工的指导。

作者本人长期在科研业务一线从事气候资料处理分析及气候变化研究，希望将自己积累的数据处理技术及最新研究成果进行系统的归纳总结。“京津冀百年均一化气候资料日值序列构建的研究”项目为本书的成书提供了基础，也正是在项目研究过程中得到了许多专家和同事的鼓励与支持，使本书得以成册。在此，作者致以诚挚的感谢。希望本书能够为从事资料处理、气候和气候变化科研业务的工作人员提供一些参考。作者自知掌握的专业知识和科学技术有限，书中若有不妥之处，还请各位专家学者不吝赐教。

司鹏

2023 年 1 月

目 录

第1章 绪 论

研究尽可能时间长的过去气候是揭示影响气候变化具体原因的关键因素(Della-Marta and Wanner, 2006)。前人的研究结果表明,百年尺度的气温观测资料是研究全球或区域气候变化的重要基础支撑之一(Yan et al., 2001;Li et al., 2010a;Wang et al., 2014;Zhao et al., 2014;Cao et al., 2017;Li et al., 2017;Li, 2018;Xu et al., 2018;Yan et al., 2020)。一直以来许多研究团队均致力于全球长年代多要素陆地表面观测数据集的研发,但其中大多数都是基于年值或月值尺度,这对于百年尺度极端气候事件的定量分析及其归因检测特别是1950年以前的事件存在很大困难。

1.1 长年代气候观测资料研究现状及分析

目前国际上最具代表性的长年代观测气候数据集主要有美国国家宇航局哥达德航天研究所研发的全球地表温度数据集(GISTEMP)(Hansen et al., 2010),英国东英格利亚大学气候研究中心研发的全球月平均地表气候要素数据集(CRU)(Jones et al., 2012),以及美国国家气候资料中心研发的全球历史气候数据集(GHCN V3/V4)(Peterson et al., 1997;Lawrimore et al., 2011;Menne et al., 2018)。这些数据集的建立均是基于全球各个国家正式或非正式交换的不同数据源,包括全球站点观测资料、观象台年报、月报或日报、天气报告、气候数据等,通过对不同站点数据源的整合、时间和空间均匀性质量控制、气候异常值分析等得到的一套完整的全球陆面格点或站点基础观测数据。这些数据集不是独立的,因为它们使用了几乎相同的站点观测资料作为输入数据。然而它们采用了不同的统计方法来处理数据问题,如不完整的时空覆盖和对观测站环境的非气候影响等,即便如此其仍为气候变化研究领域提供了有价值的基础数据(Hansen et al., 2010)。因此,其均被政府间气候变化专门委员会(IPCC)所引用(IPCC, 2013),很好地诠释了全球陆地表面温度的变化特点。另外,Rohde和Hausfather(2020)通过将伯克利陆表温度月数据(Berkeley Earth-monthly)与哈得来海表温度空间插值数据(HadSST3)相结合,得到整合的伯克利全球陆地/海洋温度数据集,为1850年以来地球气候和极端气候变化检验、瞬时气候反应评估以及气候模型验证等提供了一个空间更完整和更均匀的温度场。

我国对长年代气候观测序列的建立也开展了多方面的研究,但在序列完整性恢复中,过去研究中主要使用树木年轮、冰芯及有关史料等代用资料(郑景云 等, 2015;王绍武 等, 2000;1998),研究成果对揭示我国过去百年以上气候周期性及多尺度变化特征具有重要意义,但对近百年极端气候变化的定量检测存在困难。近年来,为了弥补GHCN、CRU和GISTEMP等数据集站点覆盖有限及数据质量不足的问题，Xu 等(2018)建立了全球陆表温度数据集(CMA-LSAT)，Yun 等(2019)对其进行了更新，合并扩展重建的海表温度数据集(ERSSTv5)，得到整合的全球表面温度数据集(CMST)，该数据集增加了全球陆地和海洋观测数据的数量和覆盖面积。同时，为进一步提高全球表面温度数据的覆盖率，基于 Li 等(2021)最新更新的全球 5°×5°陆表温度数据集(C-LSAT 2.0)，Sun 等(2021)利用高低频分量重建法，结合观测约束掩蔽，对 C-LSAT 2.0 进行了重建，并与 ERSSTv5 合并更新得到 5°×5°全球温度数据集(CMST-Interim)，该数据集在 1950 年以前的数据覆盖率从原来 CMST 的 78%～81%增加到 81%～89%，1955 年以后的总覆盖率达到 93%左右。这些数据集都为中国以及全球长时间尺度气候变化评估提供了有价值的数据基础。

通常情况下，极端气候在气候事件中对社会经济的影响最为严重(Bonsal et al.，2001；Si et al.，2014；Zhang et al.，2018；Nayak et al.，2018；Li et al.，2019；Yu et al.，2020)，年和月尺度平均温度观测资料是不能完全满足极端气候变化研究的(Bonsal et al.，2001；Vincent et al.，2002；Della-Marta and Wanner，2006；Yan et al.，2020)。因为日尺度时间序列通常包含比年或月尺度时间序列更多的数据信息，基于逐日观测资料的分析能够具有更高的精确度。所以，逐日尺度的气候观测资料在气候趋势及气候变化研究中更具重要性，特别是在极端气候事件研究中(Vincent et al.，2012；Xu et al.，2013；Trewin，2013；Hewaarachchi et al.，2017)。然而，由于在世界各地收集和/或接收日数据较为困难，并且观测到的气候时间序列易受到非气候因素的影响会使得数据存在许多问题。例如，加拿大一些主要气象观测站气温数据的每日观测时间被更改为在世界时 00:00—06:00 读取(Vincent et al.，2002)，观测时间的不一致导致难以形成一个百年尺度的全球每日气温数据产品。这使得研究过去 100 年，特别是 1950 年以前的全球或区域极端气候事件变得极其困难。因此，为满足气候分析和气候监测研究需要，美国国家海洋和大气管理局(NOAA)国家环境信息中心(NCEI)建立了日尺度的全球历史气候数据集(GHCN-Daily)(Menne et al.，2012)，但其中 2/3 的站点仅能收集到降水资料，并且在建立过程中尽管对整个数据集进行了质量控制，但并没有进一步的均一化处理。另外，同样为满足全球气候分析需要，美国伯克利地球研发中心收集并整合了全球 14 个月和日尺度仪器观测的温度数据集，建立了伯克利地球表面温度数据集(Berkeley Earth)，建立过程中经过了统计误差和空间误差评估以及均一性检验，但是对检验出的序列断点没有进行订正(Rohde et al.，2013a;2013b)。尽管如此，伯克利地球表面温度数据集仍是一套有价值的基础数据，因为其包含全球尽可能长时间尺度相对可靠且连续的日值观测数据。

对于中国区域来说，仪器观测的逐日资料可以延伸到 19 世纪，因此具有重要的科学价值。Png 等(2020)收集了 1912—1951 年分布在中国各地的 319 个气象站的 463530 个日温度、降水和日照的仪器观测数据，这些数据主要来自南京气象学院的月度报告、当年日本侵占的中国东北和中国北方日本军队的天文台。由于这些是日数据，它们对分析中尺度和次季节尺度气候变化是非常有用的。尽管中国最早的仪器观测始于 19 世纪 40 年代，但由于 20 世纪 40 年代期间日本发动的侵华战争和国民党发动的内战，一些气象观测站点的仪器观测序列被中断，因此，许多宝贵信息可能已经丢失。另外，由于 1950 年以前的历史原因，一些局地单一站点往往有多个观测源。以青岛为例，基于德国国家气象局最新数字化和均一化的观测资料，Li 等(2018)构建了青岛 1899—2014 年逐月地表气温序列。然而，目前我国关于完整且连续的仪器观测逐日气候数据的抢救、处理和重新构建的研究是相对较少的。

1.2 气候资料均一化的必要性及亟待解决的关键问题

Easterling 和 Peterson(1995a;1995b)研究发现,均一性订正过程中,由于很大程度上正负订正量被相互抵消,所以较大空间尺度(半球到全球范围)地面温度的趋势变化受均一化影响程度较小。但是对于单站和局地气候尺度来说,均一化对其温度趋势变化影响是较为显著的。因而,对组成较大区域尺度的单站地面温度进行均一化分析是必要的。李庆祥(2011)曾指出,气候资料处理和气候数据集研制过程中,最为核心的技术问题就是均一性问题,其直接影响到气候和气候变化的研究及应用。Yan 等(2020)近期对我国 1900 年以来的气温增暖进行了重新评估,强调指出,观测资料的均一化是气候变化研究的关键,并提出建立一个均一的长年代逐日观测序列(甚至更高分辨率,如逐小时)不仅有助于提高对极端气候事件分析的可靠性,而且还将巩固与全球其他区域进行气候比较分析的基础。因此,无论从过去研究结论,还是从均一化后的气候资料能够更好地提高研究结论可靠性的观点来看,气候序列的均一化过程仍然是必不可少的,即使序列订正没有明显改变区域气候的趋势变化(Caussinus and Mestre, 2004;Brohan et al., 2006;Jones et al., 2008;Menne and Williams, 2009)。

目前国内外对于长年代观测气候资料的研究,为全球和区域气候变化领域提供了相对可靠的观测资料基础,对其科学发展产生了深远影响。但有几点尚且不足:第一,在以往长年代气候序列的建立中,研究较多的是平均气温要素,并且缺测数据的插补采用代用资料,对近百年极端气候变化的定量检测有很大困难;第二,前人对建立序列的气候代表性或质量并未进行深入考量,尤其是均一化处理技术的应用不够;第三,在数据处理分析过程中,由于考虑的是区域大范围的空间尺度,对各个站点具体历史沿革背景了解不够深入,造成部分站点资料的断点检验不准确、订正不合理;第四,由于日值序列自身变率较大,均一化检测存在困难,导致长年代可靠的日值资料研究甚少,严重阻碍了百年来极端气候事件变化的研究。

1.3 京津冀区域百年气候序列建立概况

北京、天津、保定是我国京津冀区域保留着百年以上观测气候资料的典型台站。与我国其他百年气候序列现状一样,这 3 个站在 1950 年以前均存在资料源多样化且缺测较多的现象;自新中国成立以来,3 个站分别经历了 3～6 次的迁站,导致其百年气候资料不能得到很好的应用。近年我国学者针对京津冀百年气候序列的建立做了一些研究,但同样主要集中于月平均气温要素,并且资料均一化处理方法有局限性,断点订正不到位,进而缺乏研究分析我国华北区域 1950 年以前极端气候事件的重要数据基础。Yan 等(2001)早在 21 世纪初对北京气象观测站 1915—1997 年逐日平均气温资料进行了均一性订正,研究成果对我国百年尺度逐日气温序列均一化研究领域起到先驱性作用,但研究中用到的序列断点非均一性检验和订正方法有一定的完善空间。任雨等(2014)利用 RHtestV3 对天津 1891 年以来日最高和最低气温序列进行了均一性检验和订正,但没有采用参考序列,所以影响序列中部分断点判识的真实性。另外,由于缺乏详尽台站历史沿革数据和档案信息,Cao 等(2013)在建立我国华东和华中地区

19 世纪以来月平均气温观测序列，以及司鹏等(2017)在建立保定气象站百年均一化气温月值序列过程中，均采用了无参考序列法对 1950 年以前的资料进行均一化分析，很可能会造成部分序列断点的疏漏。

随着京津冀一体化发展，生态脆弱性问题已逐渐由独立的城市演变为区域性难题，所以客观揭示该区域百年来尤其是 1950 年以前的极端气候变化规律及其幅度，更好地认识极端气候变化成因，对我国社会经济的健康发展具有重要意义。因此，更好地改进和提高我国百年逐日气温观测序列的构建方法及数据质量，才能满足近年来气候变化和极端气候变化研究领域对可靠长时间尺度基础观测数据的需求。本书在前人工作基础上，重点针对目前国内外长年代观测气候资料研究中存在的不足，以京津冀区域中北京、天津、保定 3 个地面气象观测站为研究对象，同时为避免因观测时制、观测时次和均值统计方法差异对气温序列造成的非均一性影响(Peterson et al.，1997；唐国利和任国玉，2005；Hansen et al.，2010；Lawrimore et al.，2011；Jones et al.，2012；Menne et al.，2018)，对 3 个气象站第一手观测的百年以来逐日最高和最低气温数据，通过资料整合、质量控制、数据插补及均一化处理，构建我国数据量有限的珍贵的百年逐日平均气温、最高气温和最低气温序列，为解决长年代日值气候序列构建过程中资料完整性和可靠性问题提供借鉴。同时，基于新建百年气温资料，揭示以京津冀城市气候群为代表的我国百年来极端温度事件的变化规律及成因，从而为制定科学的对策减缓和适应极端气候变化带来的不利影响提供科学的基础支撑。

第2章 百年均一化气温日值序列的构建方法

2.1 构建流程

区域性百年均一化气温日值序列主要是通过数据整合、数据插补、数据均一化及数据质量评估来进行构建。其中，最为核心的两大部分分别是百年气温日值序列的完整性恢复和均一化分析。对于完整性恢复，首先，通过对地面气象站观测的多来源数据集的拼接及质量控制，形成百年尺度的逐日最高和最低气温基础数据；其次，基于邻近参考序列，利用标准化序列法和线性回归法，分别对地面气象站连续中断年份和缺测年份的逐日气温数据进行插补；最后，通过分析插补后数据的误差检验和相关性检验结果，确定相对合理的气温插补序列，以此恢复地面气象站完整的百年尺度逐日气温观测序列。

基于恢复后完整的百年逐日气温序列以及详尽的台站历史沿革信息，利用 RHtestV4 均一化分析方法，通过改进的参考序列建立方法，对气温序列中的非均一性进行检验；进而，在日值参考序列下，通过分位数匹配法（QM）对确定的真实可靠的序列断点进行订正；同时，通过对气温序列订正前后的气候统计特性、与国际上权威发布的同类数据产品的比较分析来评估新建百年逐日气温序列的数据质量。以此，建立我国具有代表性区域百年均一化的平均、最高和最低气温日值序列。具体构建流程如图 2.1 所示。

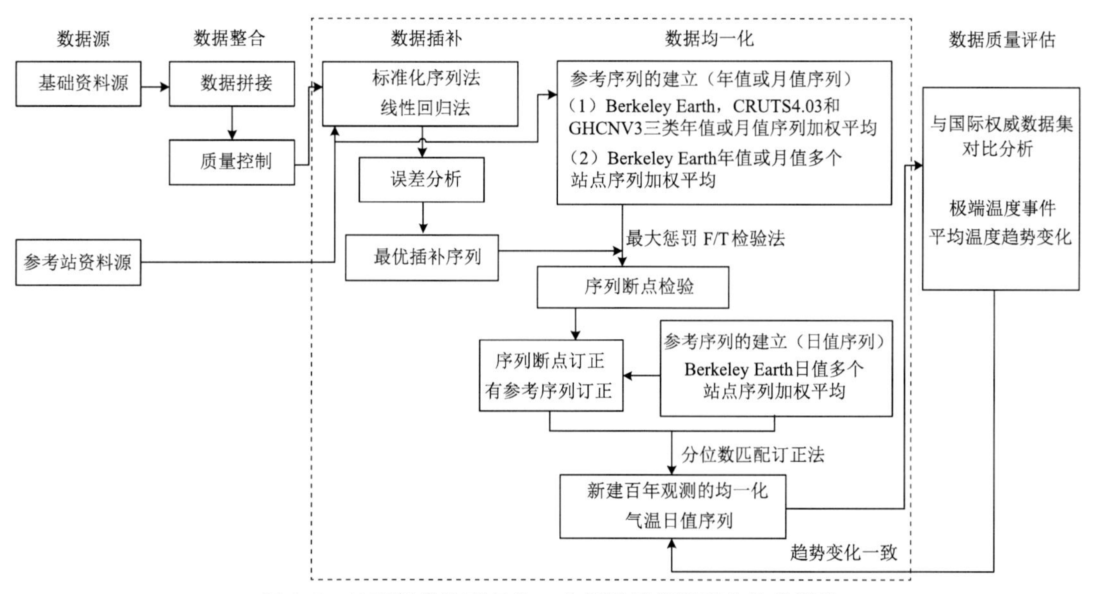

图 2.1 地面气象站百年均一化气温日值序列的构建流程

2.2 构建技术

2.2.1 数据整合

我国地面气象观测站网系统的建设形成规模化和正规化发展主要始于1951年以后，所以，同一个地面气象观测站有多种观测资料源的现象主要存在于1950年以前。因此，在数据拼接过程中，本书主要针对1950年以前的观测资料，从数据量优势角度同时兼顾资料的完整性和时间长度，对多来源观测资料的重合记录进行筛选，形成时间上完整且连续至今的百年尺度逐日气温观测序列。

为保证原始基础数据的质量，对拼接后的百年以来的日最高和最低气温观测资料进行质量控制，以此去除人工观测、仪器故障及数字化过程中人工录入等导致的错误数据。检验步骤分为气候界限值检查、气候异常值检查和内部一致性检查三个步骤。首先，气候界限值检查，-80 ℃≤最高或最低气温日值≤60 ℃，超出阈值范围认为是错误数据；其次，气候异常值检查，最高或最低气温序列3～5倍标准差为阈值标准，超出阈值认为是可疑数据，通过人工判断是否为错误数据；最后，内部一致性检查，如果同一时间出现日最低气温大于或等于日最高气温，通过人工核查判断该时间点的最低或最高气温数据是否为错误数据。对于质量控制的三个步骤可以根据观测资料的实际情况来进行顺序调整，另外，对于各个步骤中检查出来的错误数据，均做缺测处理。

2.2.2 数据插补

基于整合后的百年以来日最高和最低气温序列，利用标准化序列法和线性回归法（Steurer，1985；黄嘉佑，2000；司鹏 等，2017）对其连续间断和缺测年份的逐日资料进行插补。邻近参考序列资料源选取 Berkeley Earth 逐日气温资料（www.BerkeleyEarth.org），根据地面气象观测站经纬度位置，通过双线性插值法将 Berkeley Earth 1°×1°逐日格点数据插到站点水平。

标准化序列法是假设对于在同一气候区域内的所有站点，某一时间点的气象要素值与该时间点多年平均值的距平都是相似的。该方法可以表示为：

$$Z=\frac{(x_i-\overline{x_i})}{s_i} \tag{2.1}$$

$$Y=Zs+\overline{y} \tag{2.2}$$

公式(2.1)和公式(2.2)中，Z 是邻近参考序列资料源逐日气温标准化序列，x_i，$\overline{x_i}$和s_i分别是邻近参考序列资料源某日气温值，某日累年气温平均值和标准差。Y 是插补序列，$\overline{y}$和 s 分别表示地面气象站观测的某日累年气温平均值和标准差。累年的定义范围为1950年以前待插补序列与邻近参考序列资料源重合的气温资料完整并且相对均一的时间段。

线性回归法是通过建立邻近站与待插补站时间序列的定量线性统计关系，来对待插补站序列$\hat{y_i}$进行插补，表达关系式如下：

$$\hat{y_i}=b_0+b\,x_i \tag{2.3}$$

$$\begin{cases} nb_0 + b\sum_{j=1}^{n} x_j = \sum_{j=1}^{n} y_j \\ b_0\sum_{j=1}^{n} x_j + b\sum_{j=1}^{n} x_j^2 = \sum_{j=1}^{n} x_j y_j \end{cases} \tag{2.4}$$

公式(2.3)中，b_0和 b 利用公式(2.4)求得，x_j和y_j分别是邻近参考序列资料源和地面气象站观测的逐日气温序列，时间序列范围为 1950 年以前待插补序列与邻近参考序列资料源重合的气温资料完整并且相对均一的时间段。

对于建立的定量统计关系公式(2.3)是否确有线性关系，需要通过回归方程的显著性检验进行验证，检验统计量 F 如公式(2.5)所示，服从分子自由度为 1，分母自由度为$(n-2)$的 F 分布。在显著性水平 $\alpha=0.05$ 下，若 $F>F_{0.05}$，则认为回归方程显著，线性关系成立。

$$F=\frac{\frac{U}{1}}{\frac{Q}{(n-2)}} \tag{2.5}$$

$$U = \sum_{j=1}^{n} (\hat{y_j} - \bar{y})^2 \tag{2.6}$$

$$Q = \sum_{j=1}^{n} (y_j - \hat{y_j})^2 \tag{2.7}$$

公式(2.5)—公式(2.7)中，$\hat{y_j}$，y_j和 $\bar{y}$分别是某日插补值，实际观测值以及实际观测序列累年平均值，累年的定义范围为 30 年标准气候期，如 1961—1990 年、1971—2000 年或 1981—2010 年。

同时，为确定建立的线性统计关系的可信度，还应对得到的回归系数进行显著性检验，检验统计量 t 如公式(2.8)所示，服从自由度为$(n-2)$的 t 分布，在显著性水平 $\alpha=0.05$ 下，若 $|t|>t_{0.05}$，则认为拟合的回归系数通过显著性 t 检验，线性关系成立。

$$t=\frac{\frac{b}{\sqrt{c}}}{\sqrt{\frac{Q}{n-2}}} \tag{2.8}$$

$$c = \left[\sum_{j=1}^{n} (x_j - \bar{x})^2\right]^{-1} \tag{2.9}$$

公式(2.8)中，b 利用公式(2.4)求得，Q 利用公式(2.7)求得。公式(2.9)中，x_j和$\bar{x}$分别是邻近参考序列资料源某日气温值，以及某日累年气温平均值。累年的定义范围为 30 年标准气候期，如 1961—1990 年、1971—2000 年或 1981—2010 年。

采用交叉检验法(Allen and Degaetano，2001)对上述两种插补模型得到的地面气象观测站缺测记录的插补结果进行比较分析，通过对比插补值与实际观测值的误差大小来评估插补效果，评判指标包括标准平均误差(Standard Mean Error，SME)，标准误差(Standard Error，SE)，插补值与地面气象站实际观测值差值在±0.5 ℃范围内的样本比例(P)(黄嘉佑 等，2004；余予 等，2012；司鹏 等，2015a；2017)以及相关系数(R)，选取最优插补序列进行下一步的均一化分析处理，即选取标准均方误差(SMSE)和标准误差(SE)较小，样本比例(P)较大、与地面气象站实际观测值相关系数较高的插补方法得到的逐日气温序列。

$$\text{SMSE} = \sqrt{\sum_{i=1}^{m} \left(\frac{\hat{y_i} - y_i}{s}\right)^2} \tag{2.10}$$

公式(2.10)中,m 是样本总量,$\hat{y_i}$ 和 y_i 分别是某日气温插补值和实际观测值,s 是地面气象站实际观测的某日 30 年气温标准差,30 年气候期可以为 1961—1990 年、1971—2000 年或 1981—2010 年。

$$SE = \sqrt{\frac{1}{(m-1)}\sum_{i=1}^{m}(\varphi'_i - \overline{\varphi'})^2} \quad (2.11)$$

公式(2.11)中,$\varphi'_i = \varphi_i - \overline{\varphi_i}$,$\overline{\varphi'} = \frac{1}{m}\sum_{i=1}^{m}\varphi'_i$,$\varphi_i = \hat{y_i} - y_i$,$m$、$\hat{y_i}$ 和 y_i 与公式(2.10)一致。

$$P = \frac{m_p}{m} \times 100\% \quad (2.12)$$

公式(2.12)中,m_p 是逐日插补值与实际观测值差值在 ± 0.5 ℃范围内的样本数量,m 是样本总量。

$$r_{kl} = \frac{\sum_{i=1}^{m}(x_{ki} - \overline{x_k})(x_{li} - \overline{x_l})}{\sqrt{\sum_{i=1}^{m}(x_{ki} - \overline{x_k})^2}\sqrt{\sum_{i=1}^{m}(x_{li} - \overline{x_l})^2}} \quad (2.13)$$

公式(2.13)中,x_{ki} 和 x_{li} 分别是某日插补值与实际观测值,$\overline{x_k}$ 和 $\overline{x_l}$ 分别是某日插补序列和实际观测序列样本总量的平均值,m 是样本总量。

2.2.3 数据均一化

基于选取的最优插补序列(以下称为“待检序列”),利用 RHtestV4 软件包中惩罚最大 T 检验(PMT)(Wang et al., 2007)、惩罚最大 F 检验(PMFT)(Wang, 2008)以及分位数匹配法(QM)(Wang et al., 2010;Bai et al., 2020; Lv et al., 2020),结合地面气象观测站历史沿革信息,对其进行均一性检验和订正,剔除逐日气温序列中因迁站、仪器变更、观测时次改变、自动站业务化等导致的气温序列系统误差。以此,建立尽可能反映我国区域真实气候变化特征的百年尺度逐日最高和最低气温序列(Bonsal et al., 2001;Menne et al., 2012;Zhao et al., 2014;Li et al., 2015;Leeper et al., 2015;Hewaarachchi et al., 2017;Xu et al., 2018)。

参考序列的建立是数据均一化分析中最重要的技术环节之一,其建立得合理与否关系到断点检验的可靠性。在这个过程中,需要建立年、月、日三种时间尺度的参考序列,年和月值参考序列用来检验待检序列断点,日值参考序列用于待检序列的断点订正。其中,年和月值参考序列的建立分两种方法:一种对 Berkeley Earth,CRUTS4.03 和 GHCNV3 三类数据的月值序列进行加权平均得到,加权系数分别为三类数据与待检序列相关系数的平方;另一种仅用到 Berkeley Earth 月值数据,第一步,从待检序列水平距离 300 km 以内,海拔高度差 200 m 范围内,选取 20 个地面气象站;第二步,选取距离待检序列球面距离最近的 10 个地面气象站;第三步,选取第一步和第二步相同的地面气象观测站,作为参考站。通过双线性插值法,将选取的参考站对应 Berkeley Earth 月值格点数据插到站点水平,利用加权平均得到 Berkeley Earth 月值参考序列,加权系数为 Berkeley Earth 对应站点序列分别与待检序列相关系数的平方。日值参考序列的建立仅用到 Berkeley Earth 日值数据,建立方法同上述仅用到 Berkeley Earth 月值数据的方法。

断点的检验主要是利用 PMT 和 PMFT 两种检验方法,在 0.05 显著性水平下,通过两种年和月值参考序列对待检序列同时进行检验。根据不同地面气象观测站的实际情况，断点的确定主要是结合各个地面气象观测站的历史沿革信息，保留利用 PMT 法在年和月值参考序列下被同时检验出的相同时间的统计显著断点以及利用 PMFT 法检验得到的参考序列起始年份以前统计显著断点。进而，利用 QM 法，在日值参考序列下，采用有参考序列法对各个地面气象观测站逐日最高和最低气温序列进行断点订正。

2.2.4　数据质量评估

上述建立的区域百年均一化平均、最高和最低气温日值序列的可靠性主要是通过与国际上权威发布的 Berkeley Earth、CRUTS4.03、GHCN 等长年代观测气候数据集的对比来进行评估，包括年代际气候统计特性、平均气温或极端气温的趋势变化特点及幅度等。其中，本书中百年均一化逐日平均气温序列是利用构建后的逐日最高和最低气温数据的平均求得。

第3章 天津地区百年均一化气温日值序列的构建

天津气象观测站是我国保留着百年以上观测气候资料的典型台站(司鹏 等，2017；Yan et al.，2001)。与我国其他百年气候序列现状一样，该站在1950年以前存在资料源多样化的现象，导致其百年气候资料不能得到很好的应用。因此，本章通过对天津市气象档案馆现存的多来源历史逐日气温观测资料进行处理分析，来重新构建天津地区百年以来逐日气温观测序列，为我国京津冀及华北区域极端气候变化研究领域提供新的长年代且完整可靠的气候资料。

3.1 天津气象观测站历史沿革

查阅中国近代气象台站信息显示(吴增祥，2007)，1890年9月—1941年12月天津气象观测站隶属于天津英租界工部局；1904年9月—1949年12月期间，天津气象观测站曾隶属多个部门，如日本中央气象台、民国中央气象局、解放军华北军区航空处、顺直水利委员会、华北水利委员会、华北水利工程局等，不同部门观测资料的时间序列长短不一。从天津市气象档案馆馆藏资料的完整性来看，仅有天津英租界工部局(图3.1a,b)和华北水利委员会(图3.1c)观测的日最高和最低气温记录序列是较为连续和完整，并且最重要的是，这两套来源的观测数据可以在1932年1月1日相互连接而不重叠，从而形成一个1950年之前完整而且连续的观测时间序列。

根据天津市气象档案馆馆藏资料，仅查阅到1890年9月1日至今的天津气象站气象观测记录(图3.1a—c)。依据中国气象局出台的气象测报简要(1950年版)、气象观测暂行规范—地面部分(1954年版)、地面气象观测规范(1964年版；1979年版；2003年版)、中国地面气象站元数据以及天津地面气象记录年月报表，对天津气象观测站1890年9月1日—2019年12月31日历史沿革信息进行了整理(表3.1)，其中，一些典型的历史沿革信息的记录时间已经标记在天津日最高和最低气温的原始序列上(图3.2)。如表3.1所示，1890年以来，天津气象观测站经历了4次迁站，分别在1921年(图3.1d)、1955年1月1日、1992年1月1日以及2010年1月1日，但均没有出现明显的海拔高度变化。1955年天津气象站所在环境由市区变为郊外，距原址以北5 km，伴有多次仪器变更。在此期间，人工观测时期最高和最低气温数据的观测仪器均发生了4次变更，2004年自动观测代替人工观测，2014年对原有自动观测仪器进行了新一代替换。同时，表3.1历史沿革信息记载，1951年以来天津最高和最低气温的观测时间均发生了4次改变，但是它们总是记录在北京时间或近似北京时间24小时观测窗口(1954年1月1日—1960年12月31日期间的观测时制为117°E地方平均太阳时)。此外，值得一提的是，自1951年以来在天津地区有2个地面气象观测站，即旧的天津站和西青站。由于天津地区周边探测环境快速的城市化发展，旧的天津站点作为气候观测站的代表性逐渐减弱，所以，自 1992 年 1 月 1 日起，采用西青站取代旧的天津站点作为天津地区气候特征的代表站。因此，可以认为天津站在 1992 年 1 月 1 日迁至西青站。

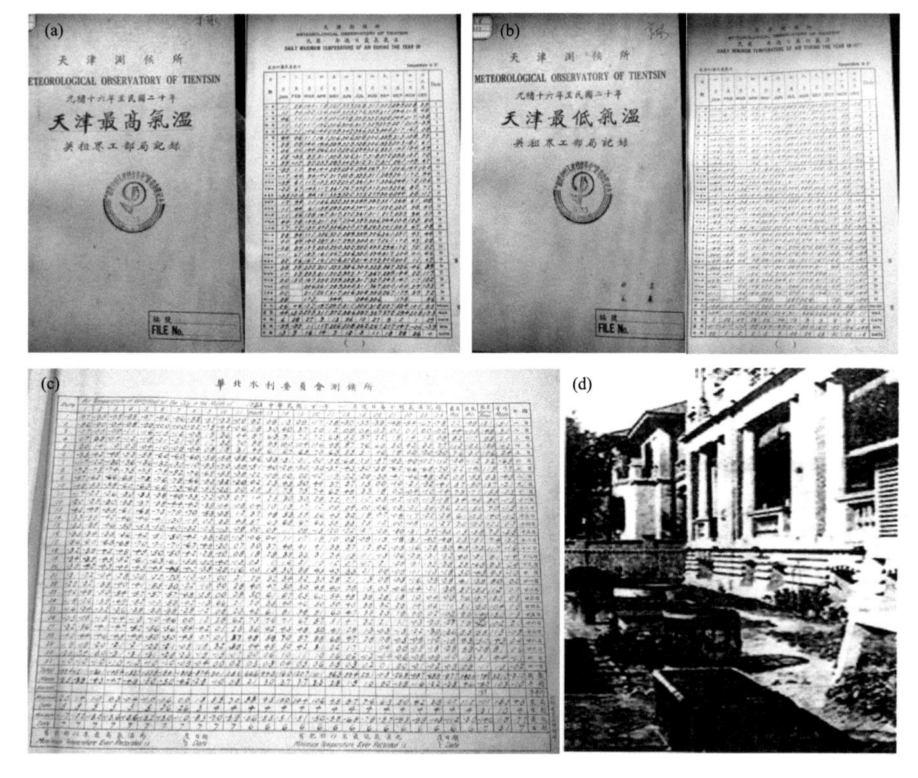

图 3.1　1950 年以前天津地区的逐日气温观测记录

(a)和(b)天津英租界工部局最高和最低气温观测记录；(c)华北水利委员会最高和最低气温观测记录；(d)天津市自由道 22 号观测站点(照片均由天津市气象局天津气象档案馆提供)

表 3.1　天津气象观测站 1890 年 9 月 1 日—2019 年 12 月 31 日历史沿革信息

观测时段	纬度	经度	海拔高度/m	站址 (台站环境)	迁站信息	仪器变更	观测时间
1890 年 9 月 1 日—1921 年	39°07′N	117°12′E	不详	不详	—	不详	不详
1921 年—1950 年 12 月 31 日	39°08′N	117°11′E	6.0	天津市三区 自由道 22 号(市区)	不详	不详	不详
1951 年 1 月 1 日—1953 年 12 月 31 日	39°08′N	117°11′E	6.0	同上	—	—	最高气温 18:00 最低气温 09:00
1954 年 1 月 1 日—1954 年 12 月 31 日	39°08′N	117°11′E	6.0	同上	—	最高气温 1954 年 1 月 1 日 最低气温 1954 年 1 月 1 日	不详
1955 年 1 月 1 日—1960 年 12 月 31 日	39°06′N	117°10′E	3.3	天津市河西区 遵义路(郊外)	距原址 北部 5 km	—	不详

续表

观测时段	纬度	经度	海拔高度/m	站址(台站环境)	迁站信息	仪器变更	观测时间
1961 年 1 月 1 日—1991 年 12 月 31 日	39°06′N	117°10′E	3.3	天津市河西区气象台路(郊外)	—	最高气温 1961 年 1 月 1 日； 1973 年 1 月 1 日； 1989 年 1 月 1 日 最低气温 1961 年 1 月 1 日； 1966 年 1 月 1 日； 1989 年 1 月 1 日	每日 20:00 观测
1992 年 1 月 1 日—2003 年 12 月 31 日	39°05′N	117°04′E	2.5	天津市西青区西大洼(郊外)	不详	—	每日 20:00 观测
2004 年 1 月 1 日—2009 年 12 月 31 日	39°05′N	117°04′E	2.5	同上	—	自动观测	定时分钟数据挑取
2010 年 1 月 1 日—2013 年 12 月 31 日	39°05′N	117°03′E	3.5	天津市西青区京福公路旁(郊外)	距 1992 年站址西南部 1.5 km	自动观测	定时分钟数据挑取
2014 年 1 月 1 日至今	39°05′N	117°03′E	3.5	同上	—	新型自动观测设备	定时分钟数据挑取

注：表中“—”表示没有变动；“不详”表示无据可查；观测时制为北京时或近似北京时(BT)。

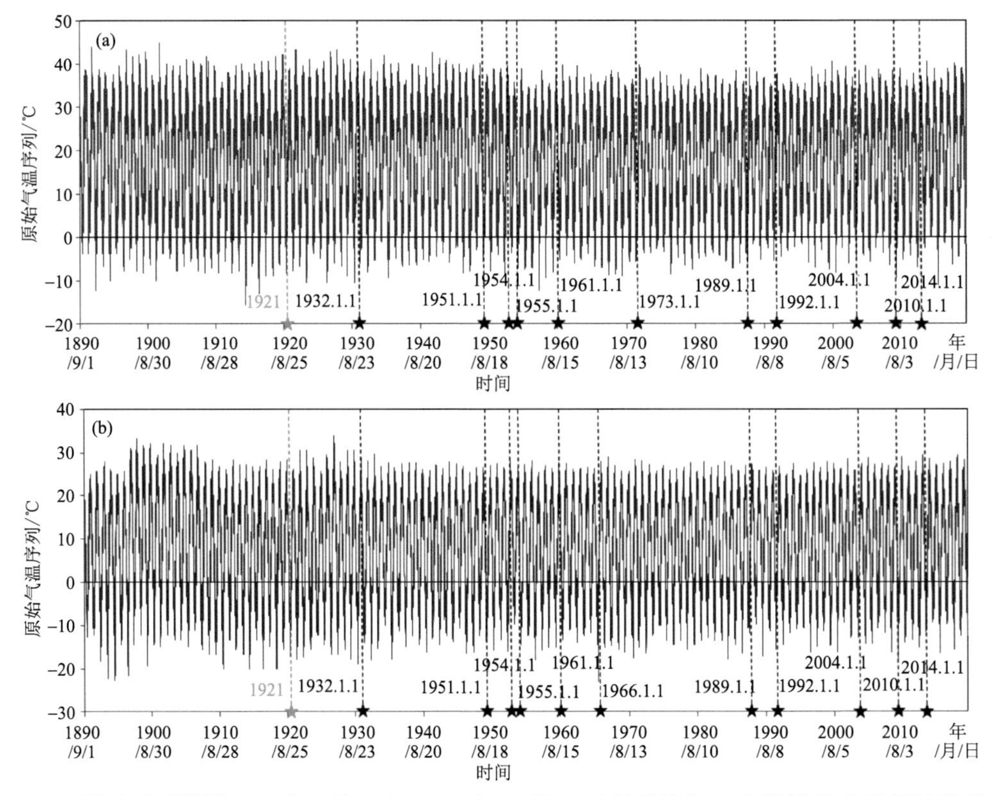

图 3.2　天津气象观测站 1890 年 9 月 1 日—2019 年 12 月 31 日的日最高(a)和最低(b)气温原始序列，坐标轴上带有垂直虚线的黑色星号表示台站沿革信息记录时间(由于没有具体日期，1921 年的迁站用带有垂直虚线的绿色星号表示)

3.2 数据来源

3.2.1 原始基础数据及其质量控制

根据 3.1 节给出的天津气象观测站历史沿革分析结果，选取天津市气象档案馆馆藏的三类数据源作为建立天津站 1890 年以来最高和最低气温日值序列的基础数据。这三类数据分别是天津英租界工部局工程处记录的 1890 年 9 月 1 日—1931 年 12 月 31 日、华北水利委员会测候所记录的 1932 年 1 月 1 日—1950 年 12 月 31 日以及天津地面气象观测数据月报文件提取的 1951 年 1 月 1 日—2019 年 12 月 31 日地面日最高和最低气温观测记录。由于这三类数据源资料完整性均为 100%，并且没有重合记录，所以，这里直接将三类资料拼接为一条完整的逐日气温时间序列。其中，鉴于旧的天津气象站和西青气象站在 1992 年 1 月 1 日起发生业务变更和站号互换的变革（表 3.1），为保持台站观测记录的一致性，1951 年 1 月 1 日—1991 年 12 月 31 日的观测记录采用旧的天津站，1992 年 1 月 1 日—2019 年 12 月 31 日的观测记录采用西青站的，以此形成天津气象观测站 1951 年 1 月 1 日—2019 年 12 月 31 日最高和最低气温原始日值基础序列（图 3.2）。

对整合后的天津气象观测站 1890 年 9 月 1 日—2019 年 12 月 31 日最高和最低气温原始基础序列进行质量控制，以此去除人工观测记录、仪器故障及数字化过程中人工录入等导致的错误数据。首先，界限值检查，超出 −80～60 ℃的日最高或最低气温数据为错误数据，结果显示，日最高和最低气温序列中均没有出现该类错误数据；其次，气候异常值检查，以 1961—1990 年为标准气候期，1890—2019 年期间超过月距平序列 5 倍标准差的日最高或最低气温值为异常值，同样没有检验出该类异常数据；最后，内部一致性检查，即检验是否同一时间出现日最低气温值大于或等于日最高气温值，结果显示没有出现该类疑误数据。但需要重点说明的是，在三步质量控制之后，年最低气温序列在 1927 年仍然存在突然上升的异常现象，并且与其前后 5 年序列均值差值分别达到 4.2 ℃和 3.4 ℃。因此，重新运行了气候异常值检查步骤，以 3 倍月距平序列标准差来检验早期数据的质量情况。结果得到 1927 年 4—10 月期间大部分的逐日最低气温数据均超出了界限值检查，所以，在这里将这段时间的日最低气温数据均设置为缺测值。尽管如此，天津气象观测站 1890—2019 年原始基础逐日最高和最低气温数据的质量仍然是较好的，能够为之后的均一化气温日值序列的构建提供可靠的基础保障。

3.2.2 参考资料源

吴增祥（2007）在中国近代气象台站信息描述中指出，天津气象观测站最早的气象观测记录始于 1887 年，但是天津市气象档案馆馆藏的逐日最高和最低气温数据仅始于 1890 年 9 月（图 3.2）。因此，为使建立的原始基础逐日气温观测序列在时间上尽可能向前延伸，这里需要选取合理的参考资料源对天津地区 1887 年 1 月—1890 年 8 月逐日气温观测序列进行延长插补。此外，在均一化处理分析过程中，如何建立客观合理的参考序列是关系到序列断点检验和订正合理与否的关键技术之一，但由于我国 1950 年以前观测资料的稀缺，特别是逐日观测资料以及台站元数据的相对匮乏，导致无法找到完整且可靠的参考资料源作为天津地区真实气候变化的参照。因此，结合目前一些研究文献的研究结论（Li et al.，2020b；Lenssen et al.，

2019;Xu et al.,2018;Menne et al.,2018),这里采用国际上较为权威的三类全球陆表温度观测数据集(LSAT)作为天津地区逐日最高和最低气温数据延长和均一化分析中参考序列建立的参考资料源,它们分别是(1)Berkeley Earth land temperature(Berkeley Earth-monthly/daily; Rohde et al., 2013a, 2013b, 2013c; Rohde and Hausfather, 2020; http://berkeleyearth.org/data/);(2)Climatic Research Unit(CRU)Time-Series(TS)version 4.03(CRUTS4.03;Harris et al.,2020;http://data.ceda.ac.uk/badc/cru/data/cru_ts/cru_ts_4.03/data/);(3)Global Historical Climatology Network(GHCN)version3(GHCNV3;Lawrimore et al.,2011;https://www.ncdc.noaa.gov/ghcnd-data-access)。三类 LSAT 数据集的具体信息详见表 3.2。图 3.3 给出了基于这三类数据的天津 1872 年以来的年和季节平均最高和最低气温距平序列。

表 3.2　参考资料源信息

参考资料源	月值	日值	网格	站点	时间分辨率	空间分辨率	时间段	单位	是否质量控制	是否均一化订正
CRUTS4.03	√	×	√	√	月值	0.5°×0.5°	1901 年 1 月—2018 年 12 月	℃	√	√
Berkeley Earth-monthly	√	√	√	√	月值	1°×1°	1872 年 12 月—2019 年 12 月	℃	√	×
Berkeley Earth-daily	√	√	√	×	日值	1°×1°	最高气温 1880 年 1 月—2018 年 12 月 最低气温 1903 年 1 月—2018 年 12 月	℃		
GHCNV3	√	√	√	√	月值	站点数据	1904 年 1 月—1990 年 12 月	℃	√	√

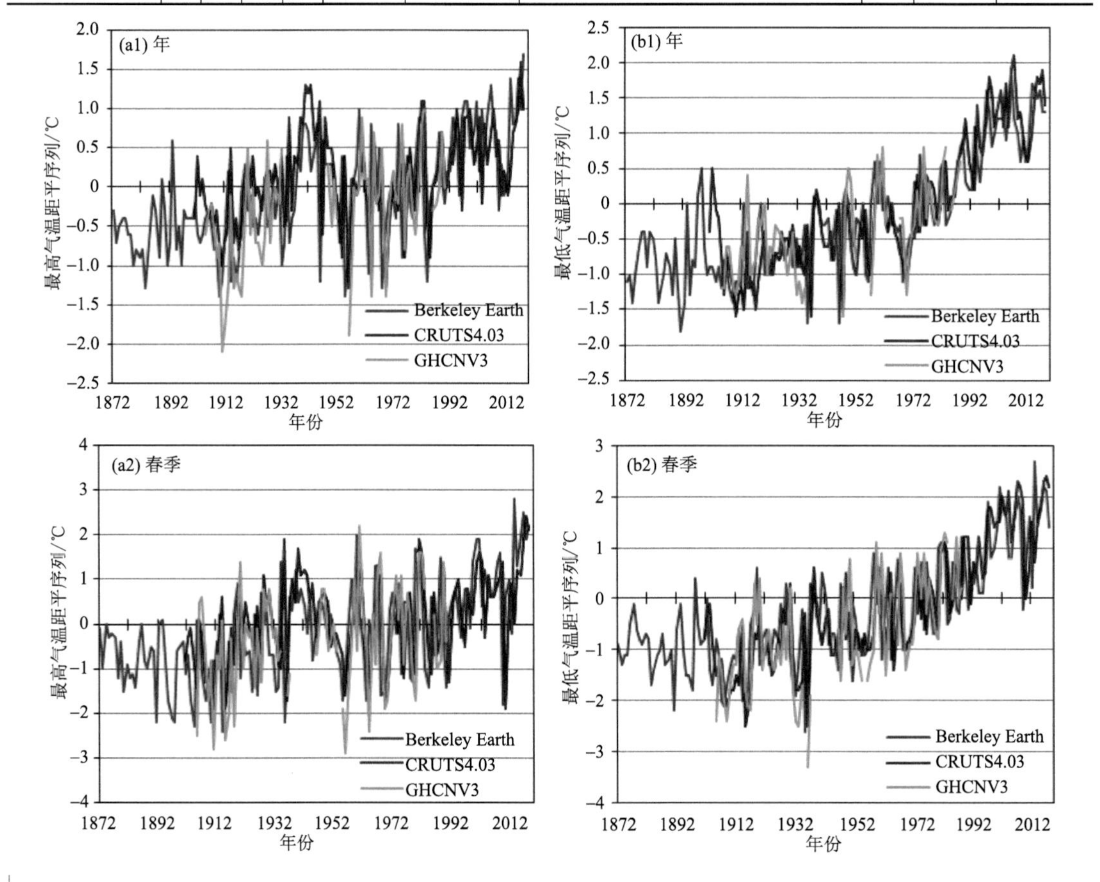

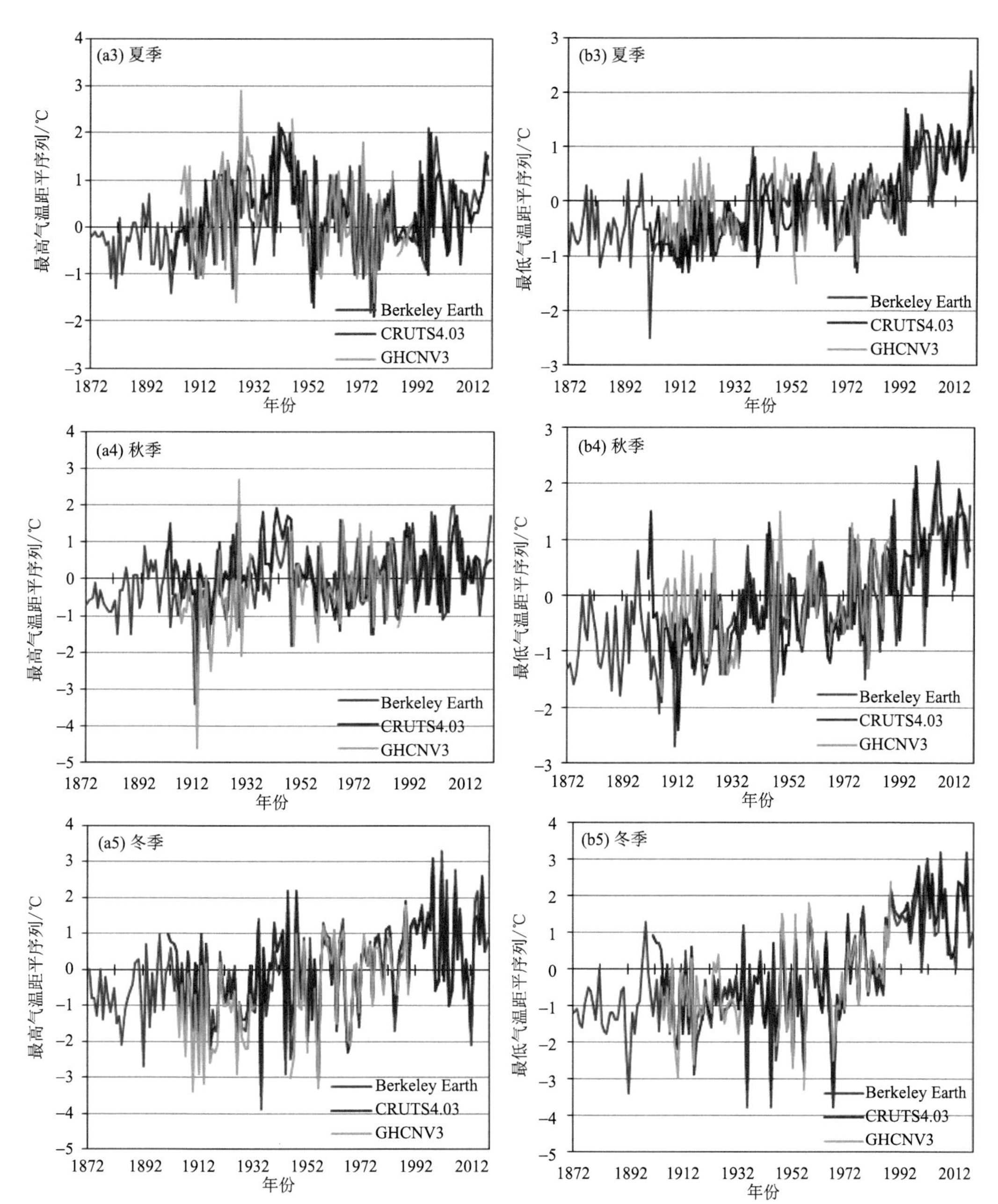

图 3.3 基于 Berkeley Earth、CRUTS4.03 插值到站点水平以及 GHCNV3 站点的天津气象观测站年和季节最高(a1—a5)和最低气温(b1—b5)距平序列

如表 3.2 所示,三类 LSAT 数据集均经过了数据质量控制,但对于均一化分析,每类数据集的处理方法不尽相同。Berkeley Earth 数据集在均一化分析中通常将已知和假设断点(如迁站或仪器变更导致序列断点)前后分割为两条独立序列而不进行均一性订正。对于 CRUTS4.03 来说,由于绝大部分台站观测记录的最终来源是美国国家气象局,所以,大部分的数据均进行了均一性订正。这里使用的 GHCNV3 数据集是由美国国家气候资料中心 GHCN-Monthly 团队研制的经过均一性订正的站点数据。CRUTS4.03 和 Berkeley Earth-monthly/daily 两类网格数据均利用双线性插值法插到站点水平进行分析处理，而 GHCNV3 则直接采用站点数据进行分析处理。另外，鉴于三类数据集的时间分辨率和起始时间(表 3.2)，仅有 Berkeley Earth-daily 最高气温序列能被用于延长天津地区 1887 年 1 月 1 日—1890 年 8 月 31 日最高气温序列的参考数据源，而天津地区的逐日最低气温原始基础序列仍然始于 1890 年 9 月 1 日。

3.3 数据插补

这里选取对应天津气象观测站站点水平(39°05′N，117°03′E)的 Berkeley Earth 逐日最高气温观测数据作为序列延长的参考资料源，采用章节 2.2.2 给出的标准化序列法和线性回归法两种方法(Steurer，1985；黄嘉佑，2000；司鹏 等，2017)，同时对天津地区 1887 年 1 月 1 日—1890 年 8 月 31 日最高气温观测序列进行延长插补，并通过交叉检验法(Allen and Degaetano，2001)比较分析插补结果，进而确定相对合理的延长序列。

图 3.4 给出利用两种方法插补得到的天津地区 1891 年 1 月 1 日—2018 年 12 月 31 日最高气温数据插补值与实际观测值的标准均方误差(SMSE)，标准误差(SE)以及差值在±0.5 ℃

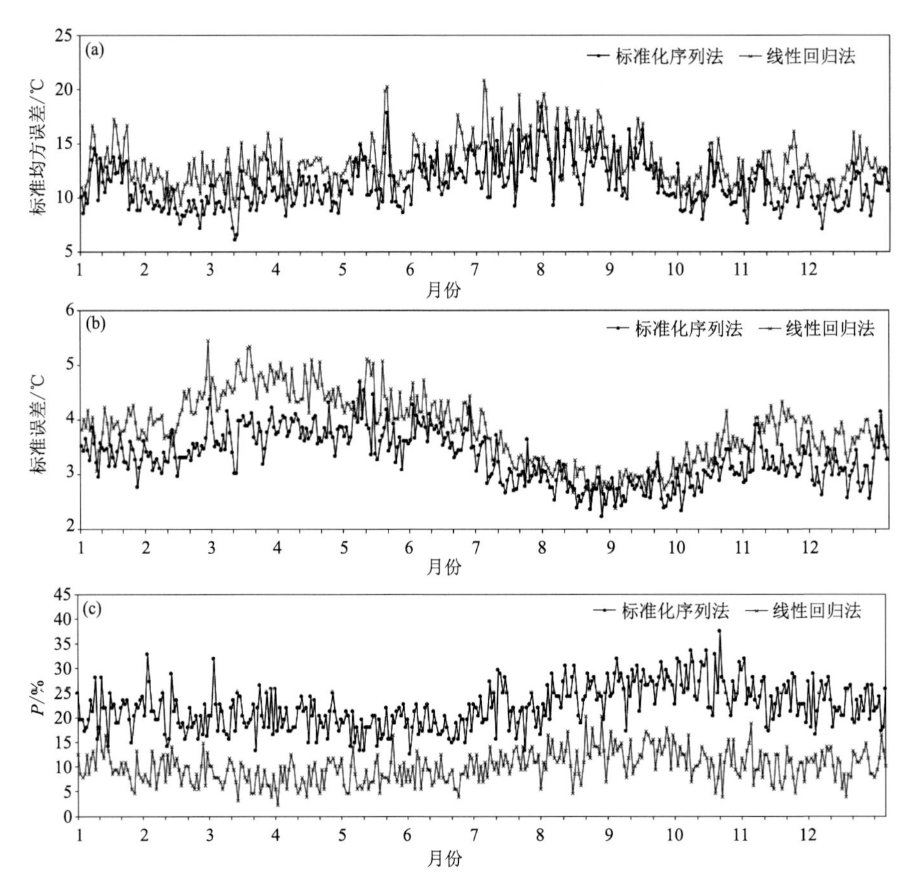

图 3.4 天津地区 1891 年 1 月 1 日—2018 年 12 月 31 日最高气温序列两种方法插补数据与实际观测数据的标准均方误差 SMSE(a)，标准误差 SE(b)以及差值在±0.5 ℃比例 P(c)指标统计值

比例(P)三类指标的统计值。如图3.4所示,两种方法得到的天津地区逐日最高气温插补数据的误差结果存在明显的不同。利用标准化序列法得到的插补数据与实际观测数据的SMSE(图3.4a)和SE(图3.4b)有93%以上的数值均小于对应的线性回归法得到的SMSE和SE值。对于指标P来说(图3.4c),利用标准化序列法得到插补数据与实际观测数据差值在±0.5 ℃的比例有99%以上高于对应的线性回归法得到的数值。同样,表3.3中给出的三类评估指标的统计值也显示出,利用标准化序列法得到的插补数据与实际观测值误差相对较小。标准化序列法得到的SMSE和SE最大、最小和中值均小于对应线性回归法得到的数值。标准化序列法得到的插补数据与实际观测数据差值在±0.5 ℃比例的中值和最小值分别为21.9%、12.5%,而对应线性回归法得到的数值分别为10.2%、2.3%。因此,通过误差分析结果对比来看,利用标准化序列法插补得到的天津地区逐日最高气温数据的质量明显优于线性回归法得到的插补数据。

表3.3　天津地区1891年1月1日—2018年12月31日最高气温序列两种方法插补数据与实际观测数据的SMSE,*SE*和*P*指标统计值

	SMSE/℃		*SE*/℃		*P*/%	
	标准化序列	线性回归	标准化序列	线性回归	标准化序列	线性回归
最大值	18.4	20.9	4.7	5.4	37.5	20.3
最小值	6.1	9.0	2.2	2.4	12.5	2.3
中值	11.0	12.8	3.3	3.8	21.9	10.2

另外,这里也给出了利用两种方法得到的插补数据与实际观测数据的相关系数。如图3.5所示,利用标准化序列法得到的插补数据与实际观测数据的相关系数范围为0.333～0.808,均通过0.05显著性检验,并且有80%以上的相关系数大于0.5。但是,对应线性回归法得到的插补数据与实际观测数据的相关系数61.2%左右均为负值,但有98%以上通过0.05显著性检验。因此,结合上述三类误差指标的分析结果,这里最终选取标准化序列法作为天津地区1887年1月1日—1890年8月31日最高气温序列延长的插补方法。

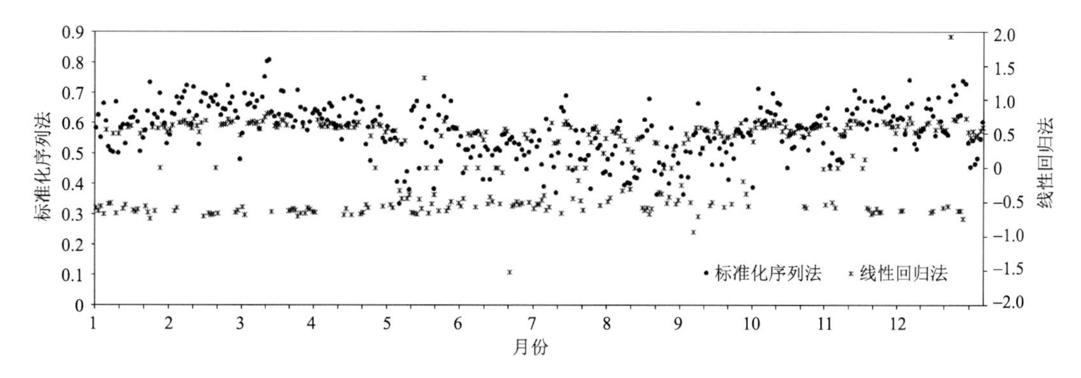

图3.5　天津地区1891年1月1日—2018年12月31日最高气温序列两种方法插补数据与实际观测数据的相关系数

3.4 数据均一化

数据均一化是消除气候观测序列中因迁站、仪器变更和观测时间改变等非气候因素导致序列突变的重要步骤，并且最重要的是，在此过程中气候观测序列中的真实气候变化特征能够得以保留（Quayle et al.，1991；Della-Marta and Wanner，2006；Haimberger et al.，2012；Rahimzadeh and Zavareh，2014；Hewaarachchi et al.，2017）。天津地区 1887—2019 年均一化最高和最低气温日值序列的构建过程如图 3.6 所示。

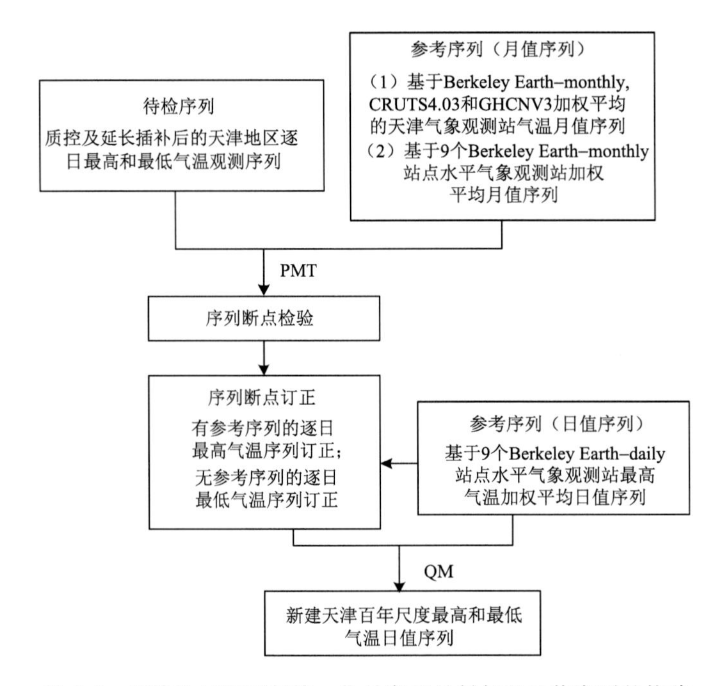

图 3.6 天津地区近百年均一化最高和最低气温日值序列的构建

3.4.1 参考序列的建立

在均一化处理分析过程中，合理参考序列的建立对检验出的序列断点的可靠性起着重要作用。所以，这里对天津气象观测站日最高或最低气温序列建立月值和日值两类参考序列，分别用于序列断点的检验和订正。同时，为了使检验得到的序列断点更加合理可靠，将采用两种途径建立月值参考序列：一是基于 Berkeley Earth-monthly、CRUTS4.03 和 GHCNV3 大津气象观测站站点水平的月值数据；二是仅基于 Berkeley Earth-monthly 插值到站点水平的月值数据。日值参考序列的建立是仅基于 Berkeley Earth-daily 插值到站点水平的日值数据。两类参考序列的建立均采用加权平均法。基于 Berkeley Earth-monthly、CRUTS4.03 和 GHCNV3 月值数据参考序列的建立，加权系数分别为三类数据与对应天津气象观测站观测数据相关系数的平方；仅基于 Berkeley Earth-monthly/daily 的月值或日值参考序列的建立，加权系数为选取的 9 个插值到站点水平（图 3.7）的 Berkeley Earth-monthly/daily 数据分别与天津气象观测站观测数据相关系数的平方。这 9 个站点主要是从京津冀区域站网范围内选取，首先，选取距离天津气象观测站水平距离小于 300 km 并且海拔高度差在 200 m 以内的站点；其次，根据球面距离选取距离天津气象观测站最近的 10 个邻近站；最终选取两步筛选出的相同的台站，即图 3.7(右)给出的 9 个站点，台站元数据的相关信息见表 3.4。另外，这 9 个站点水平的 Berkeley Earth-daily 加权平均序列同时被用来替代对应的 1927 年 4 月 1 日—10 月 31 日天津气象观测站逐日最低气温原始基础序列中质量控制后置为缺测的数据(详见 3.2.1 节)。

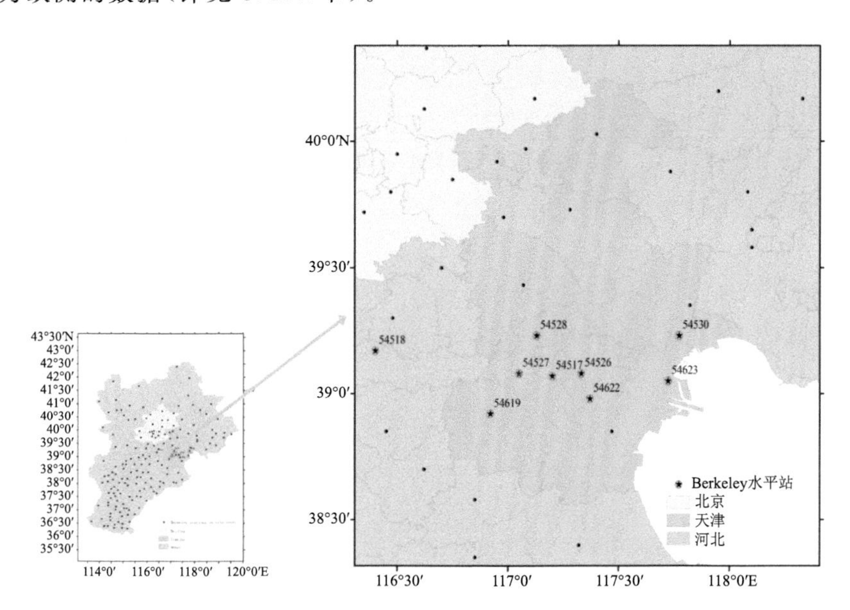

图 3.7 我国京津冀区域地面气象观测站网(黑色实心圆圈)
以及选取的 9 个站点(带黑色或红色星号的绿色实心圆圈)的地理分布

表 3.4 选取的 9 个站点台站元数据信息

站号	纬度	经度	海拔高度/m	台站周围环境
54517	39°04′N	117°12′E	2.2	市区
54518	39°07′N	116°23′E	9.0	郊区
54526	39°05′N	117°20′E	1.9	市区
54528	39°14′N	117°08′E	3.4	郊区
54530	39°13′N	117°46′E	0.5	郊区
54619	38°55′N	116°55′E	5.5	市区
54622	38°57′N	117°25′E	1.5	郊区
54623	39°03′N	117°43′E	4.8	市区

3.4.2 断点检验和订正

这里采用最大惩罚 T 检验(PMT)(Wang et al.，2007)以及分位数匹配法(QM)(Wang et al.，2010；Bai et al.，2020；Lv et al.，2020)，结合天津气象观测站历史沿革信息(表 3.1)，对天津地区 1887 年以来逐日最高和最低气温序列进行均一性检验和订正。正如前人研究中提到的(Vincent，2012；Trewin，2013；Xu et al.，2013)，对日值尺度气候序列进行均一化分析要比月值或年值尺度更具挑战性。所以，这里首先通过两种途径建立的月值参考序列，在0.05显著性水平下，利用PMT法同时对天津逐月最高和最低气温观测序列(基于质量控制和延长插补后的原始基础日值序列统计得到)进行均一性检验。进而，利用QM法，在0.05显著性水平下，通过有参考序列(日最高气温序列)和无参考序列(日最低气温序列)对最终确定的序列断点进行订正。

由于缺乏详尽的台站元数据信息，1921年以前的序列断点主要通过两类月值参考序列同时检验得到的相同断点来进行客观判定；1921年以后的序列断点，主要结合表3.1给出的天津气象观测站历史沿革信息以及在0.05显著性水平下利用PMT检验得到的统计显著的序列断点。根据表3.1罗列了一些可能导致天津逐日最高和最低气温序列出现潜在断点的时间点。如图3.2垂直虚线所示，1932年1月1日和1951年1月1日分别是天津气象观测站原始基础资料不同数据源拼接的时间点；1921年、1955年1月1日、1992年1月1日以及2010年1月1日均为天津气象观测站历次迁站的时间点；其他时间点表示仪器变更或观测时间改变的发生时间。然而，由于这些潜在的不连续时间点在统计检验中并不一定具有显著性，所以，他们可能也不是最终的序列断点(图3.8)。因此，通过显著性检验得到，不同数据源拼接的时

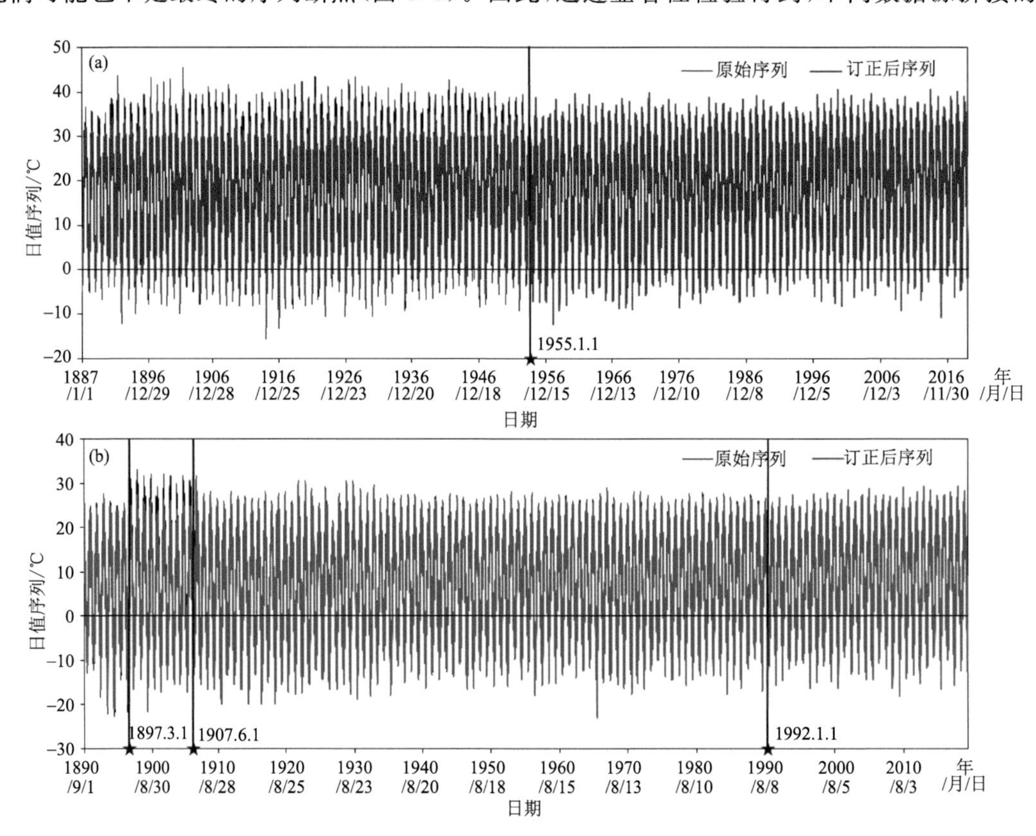

图3.8 天津气象观测站1887年1月1日(最低气温始于1890年9月1日)—2019年12月31日原始(质量控制和延长插补后的序列)和均一性订正后的逐日最高气温(a)和最低气温(b)序列(图中垂直实线标识出检验得到统计显著的序列断点，分别是1897年3月1日、1907年6月1日、1955年1月1日和1992年1月1日)

间点并没有造成序列的不连续性，并且所有的仪器变更也没有导致日最高和最低气温序列产生任何的显著断点。在这类影响方面，天津地区不像世界上其他观测站网的气候观测序列会因仪器变更导致序列产生显著的不连续性，如美国合作观测计划观测站网（COOP）（Leeper et al.，2015）。此外，不同的观测时间（包括自动观测系统）也没有给天津地区逐日最高和最低气温序列造成任何显著的不连续，因为每天的最高和最低气温总是记录在 24 h 观测窗口内，并且我国不同版本的《地面气象观测规范》（如 1950 年、1954 年、1964 年、1979 年以及 2003 年）均显示出，尽管我国日最高和最低气温的观测时间发生了一些变化，但是一直以来最高或最低温度表的观测原理是一致的。

确定的统计显著的序列断点中（图 3.8 中以垂直实线给出），1897 年 3 月 1 日和 1907 年 6 月 1 日两个断点是没有台站元数据支持的，而 1955 年 1 月 1 日和 1992 年 1 月 1 日则是 2 次迁站发生的时间点。根据台站历史沿革信息记载（表 3.1），1955 年 1 月 1 日天津气象观测站由三区自由道 22 号迁到河西区遵义路，距原址北部仅 5 km，台站周围环境更加开阔宽广；1992 年 1 月 1 日天津气象观测站由河西区气象台路迁至西青区西大洼路。从订正幅度来看，天津日最高（图 3.9a）和最低（图 3.9b）气温序列的 QM 订正量分别集中在－4.606～2.621 ℃和－5.972～1.897 ℃，中值分别为－0.764 ℃和－0.506 ℃。对于日最高气温序列来说（图 3.9a），大约有 75％的订正量主要集中在－2.5～0.8 ℃范围内；而对于日最低气温序列（图 3.9b），则有大约 85％的订正量主要集中在－0.8～0.5 ℃范围内。表 3.5 给出了日最高和最低气温序列 QM 订正量的月平均统计值，表中显示，对最高气温较大的正偏差订正主要集中在 1 月和 12 月的气温序列，而较大的负偏差订正则主要集中在 6—8 月。对于最低气温来说，所有月份的 QM 订正量月平均统计值均为负值，但订正幅度特征与最高气温表现一致，即在暖季月份（6—8 月）有较大的负偏差订正量，而对冷季月份（1 月、2 月和 12 月）则为较小的负偏差订正。

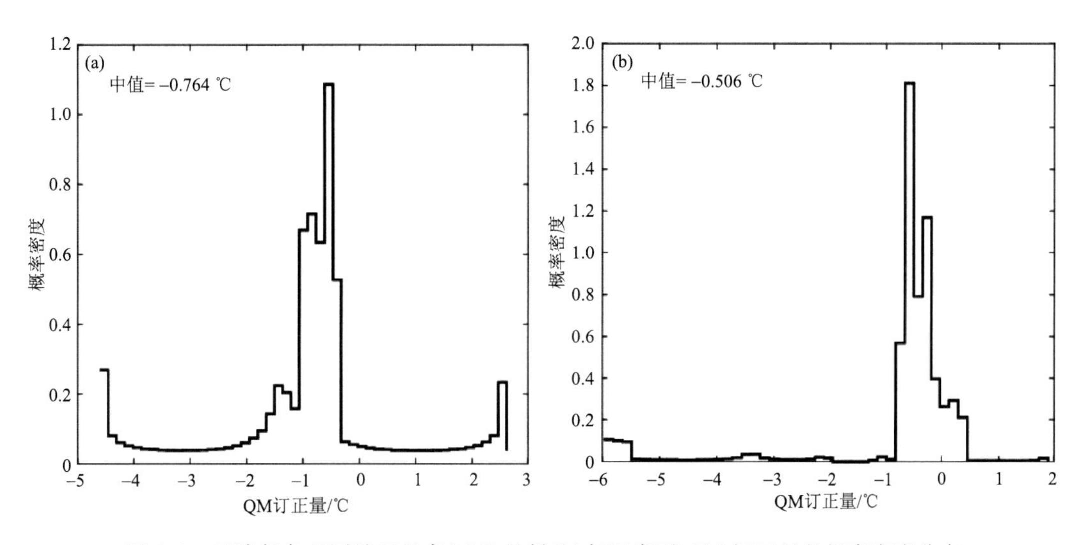

图 3.9　天津气象观测站日最高（a）和最低（b）气温序列 QM 订正量的概率密度分布

表 3.5　天津气象观测站日最高和最低气温序列 QM 订正量的月平均统计值

	1月	2月	3月	4月	5月	6月	7月	8月	9月	10月	11月	12月
最高气温	1.136	0.246	−0.616	−0.687	−1.322	−2.484	−2.817	−2.285	−1.046	−0.590	−0.582	0.566
最低气温	−0.105	−0.297	−0.634	−0.979	−1.084	−1.090	−1.207	−1.184	−1.050	−0.951	−0.624	−0.317

图 3.10 给出了天津地区基于均一性订正后的日最高和最低气温序列统计得到的 1887(最低气温始于 1891 年)—2019 年平均气温序列(红色实线),同时也给出了均一性订正前(质量控制和延长插补后的序列)、Berkeley Earth、CRUTS4.03 和 GHCNV3 天津站点的年平均最高和最低气温序列。如图 3.10 所示,与订正前序列相比(黑色实线),均一性订正基本修正了最高和最低气温序列中 1955 年和 1992 年以前的不连续现象。特别是对于最低气温序列(图 3.10b),QM 订正最大程度上消除了 1896—1908 年的异常突变。同时,订正后的年平均最高和最低气温序列无论在年代际变化还是趋势变化特点上,均与对应 Berkeley Earth、CRUTS4.03 和 GHCNV3 天津站点的年平均气温序列一致。

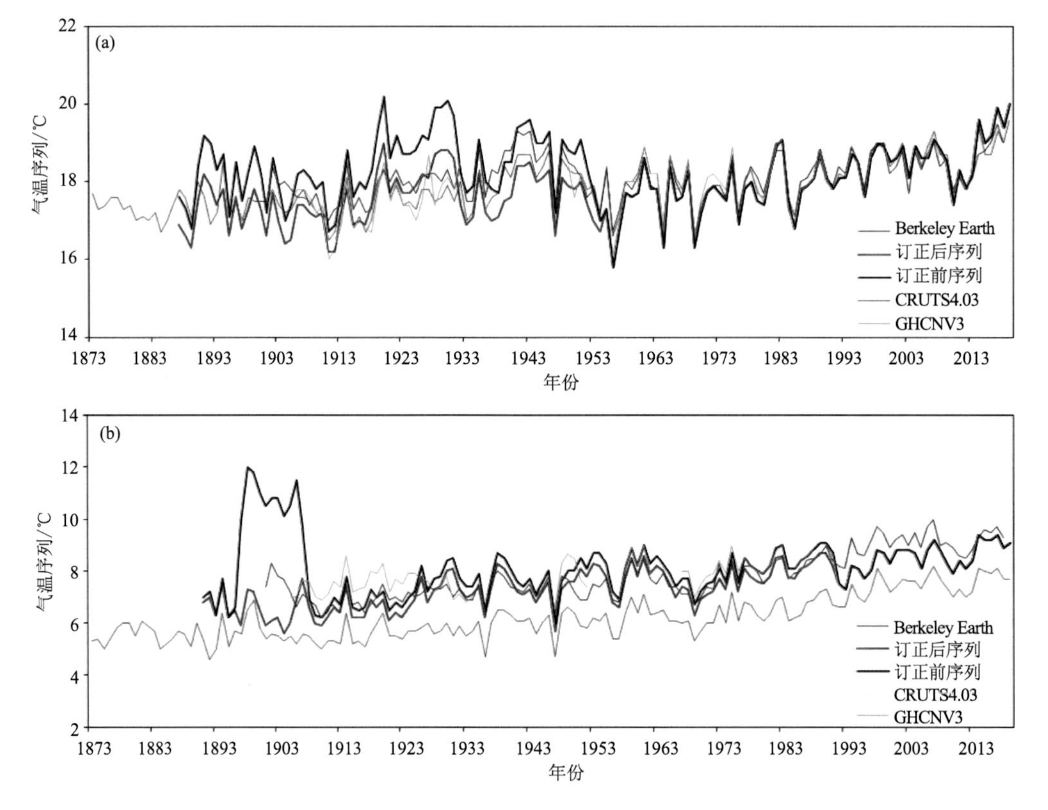

图 3.10　天津地区 1887(最低气温始于 1891 年)—2019 年均一性订正前后的年平均最高(a)和最低(b)气温序列及其对应 Berkeley Earth(1873—2019 年)、CRUTS4.03(1901—2018 年)和 GHCNV3(1905—1990 年)天津站点气温序列

为进一步说明均一性订正后数据的客观合理性，这里也同时基于订正前后的日最高和最低气温序列分析了天津地区百年尺度极端温度指数的气候变化特征，各类极端温度指数定义如表3.6所示(Zhang et al.，2011)。如图3.11所示，基于订正后序列得到的逐月冷夜日数TN10p(图3.11a)和冷昼日数TX10p(图3.11b)相比订正前(质量控制和延长插补后)序列分别增加了0.3～2.0 d和0.6～2.3 d，特别是在8月份比订正前的TN10p和TX10p分别增加2.0 d和2.3 d。TX10p在冷季月份(1月、2月和12月)比订正前的日数要减少3.1～6.1 d，这可能主要与对冷季月份日最高气温序列较大正偏差订正有关(表3.5)。相反，基于订正后序列得

表3.6　极端温度指数的定义(Zhang et al.，2011)(最高或最低气温高于第90个百分位及低于第10个百分位日数的标准气候期为1961—1990年)

指数	名称	定义	单位
TN10p	冷夜日数	日最低气温(TN)小于10%阈值的天数	d
TN90p	暖夜日数	日最低气温(TN)大于90%阈值的天数	d
TX10p	冷昼日数	日最高气温(TX)小于10%阈值的天数	d
TX90p	暖昼日数	日最高气温(TX)大于90%阈值的天数	d

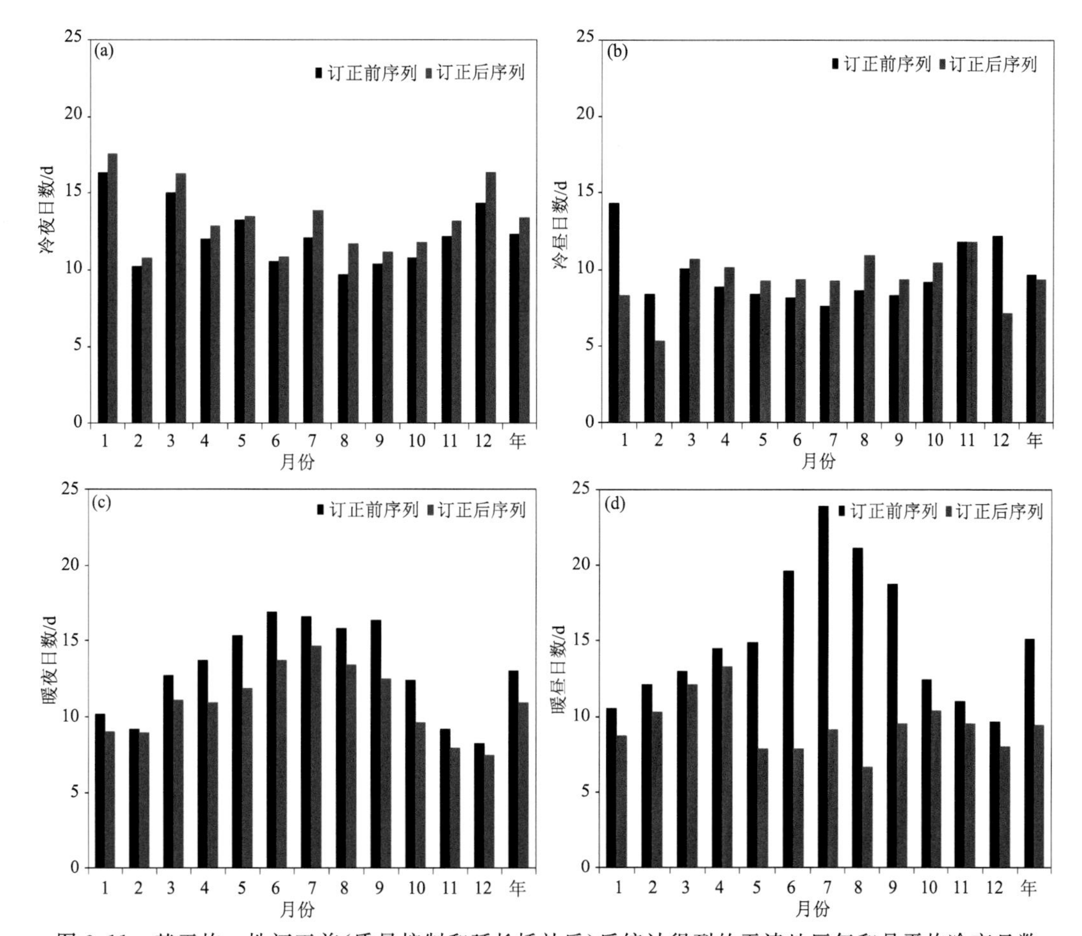

图3.11　基于均一性订正前(质量控制和延长插补后)后统计得到的天津地区年和月平均冷夜日数TN10p(a)、冷昼日数TX10p(b)、暖夜日数TN90p(c)和暖昼日数TX90p(d)

到的暖夜日数 TN90p(图 3.11c)和暖昼日数 TX90p(图 3.11d)要比订正前统计得到日数分别减少 0.2～3.8 d 和 0.9～14.8 d,特别是在 5—9 月的日数减少相对更为明显,其中,TX90p 在 6—8 月的日数相对订正前序列减少了 11.8～14.8 d,这可能主要也是与对暖季月份日最高气温序列较大负偏差订正有关(表 3.5)。基于订正后序列得到的年平均 TN10p 日数(图 3.11a)相对订正前的增加了 1.1 d,而 TX10p(图 3.11b)、TN90p(图 3.11c)和 TX90p(图 3.11d)则分别减少了 0.3 d、2.1 d、5.7 d。

3.5 天津地区百年尺度的气候变化特征

基于上述均一性订正后的天津 1887 年以来的最高和最低气温日值序列(以下称“新建序列”),对天津地区近 130 年的平均温度和极端温度事件的趋势变化进行分析。

3.5.1 天津近 130 年平均温度的趋势变化

基于新建的天津 1887 年以来日最高和最低气温序列统计得到(表 3.7),1887 年—2019 年(最低气温始于 1891 年)天津地区年平均最高和最低气温变化趋势分别为(0.119±0.015)℃・$(10a)^{-1}$和(0.194±0.013)℃・$(10a)^{-1}$,该幅度与对应 Berkeley Earth((0.099±0.010)℃・$(10a)^{-1}$和(0.156±0.010)℃・$(10a)^{-1}$)和 CRUTS4.03((0.062±0.015)℃・$(10a)^{-1}$和(0.217±0.015)℃・$(10a)^{-1}$)统计得到的年最高和最低气温趋势变化基本一致。基于新建的日最高和最低气温均值统计得到的年平均气温变化趋势为(0.154±0.013)℃・$(10a)^{-1}$,略大于对应 Berkeley Earth((0.128±0.009)℃・$(10a)^{-1}$)、CRUTS4.03((0.140±0.013)℃・$(10a)^{-1}$)以及 Cao 等(2013)((0.098±0.017)℃・$(10a)^{-1}$)统计得到的趋势幅度。同时,根据 Li 等(2020a)基于 1900—2017 年 CRUTEM4((0.130±0.009)℃・$(10a)^{-1}$),GHCNV3((0.114±0.009)℃・$(10a)^{-1}$)以及C-LSAT((0.121±0.009)℃・$(10a)^{-1}$)对整个中国区域年平均气温变化趋势的统计结果,天津百年来的年平均气温趋势变化幅度也是较大的。这一特点与整个中国区域的实际气候变化特征是相符的,即华北区域的气温趋势增暖要比中国其他区域的更为突出(Li et al., 2004;Zhai, 2004)。

表 3.7 天津百年尺度年平均气温趋势变化(单位:℃・$(10a)^{-1}$)(0.05 显著性水平)

	新建序列 1887(1891)—2019 年	Berkeley Earth(1873—2019 年)	CRUTS4.03(1901—2018 年)
最高气温	0.119±0.015	0.099±0.010	0.062±0.015
最低气温	0.194±0.013	0.156±0.010	0.217±0.015
平均气温	0.154±0.013	0.128±0.009	0.140±0.013

3.5.2 天津近 130 年极端温度事件的趋势变化

如表 3.8 所示,天津地区近 130 年以来极端温度指数的趋势变化在 0.05 水平上均是统计显著的,并且变化特点的一致性更为明显。冷极端事件(TN10p 和 TX10p)在年和季节尺度上表现出显著的减少趋势(冬季 TX10p 除外),而暖极端事件(TN90p 和 TX90p)则呈现出显著的增加趋势。从变化幅度来看,年平均冷夜日数 TN10p,冷昼日数 TX10p,暖夜日数 TN90p

和暖昼日数 TX90p 的趋势变化分别为 $-1.454\ d\cdot(10a)^{-1}$，$-0.140\ d\cdot(10a)^{-1}$，$1.196\ d\cdot(10a)^{-1}$ 和 $0.975\ d\cdot(10a)^{-1}$。对于季节尺度来说，春季 TN10p 和 TX10p 的趋势减少幅度相对最大，分别为 $-1.861\ d\cdot(10a)^{-1}$ 和 $-0.508\ d\cdot(10a)^{-1}$，而 TN90p 和 TX90p 最大的趋势增加幅度表现在夏季，分别为 $1.443\ d\cdot(10a)^{-1}$ 和 $1.474\ d\cdot(10a)^{-1}$。

表 3.8 天津地区百年尺度年和季节平均冷夜日数 TN10p、冷昼日数 TX10p、暖夜日数 TN90p 和暖昼日数 TX90p 的趋势变化(单位：$d\cdot(10a)^{-1}$)

	TN10p	TX10p	TN90p	TX90p
年	−1.454*	−0.140*	1.196*	0.975*
春季	−1.861*	−0.508*	1.423*	0.959*
夏季	−1.483*	−0.213*	1.443*	1.474*
秋季	−0.798*	−0.221*	0.724*	0.621*
冬季	−1.555*	0.421*	1.119*	0.850*

注：* 表示通过 0.05 显著性水平检验。年平均 TN10p 和 TN90p 时段为 1891—2019 年，年平均 TX10p 和 TX90p 时段为 1887—2019 年；春季和夏季 TN10p 和 TN90p 时段为 1891—2019 年；秋季和冬季 TN10p 和 TN90p 时段为 1890—2019 年(但冬季结束于 2018 年)；四个季节 TX10p 和 TX90p 时段均为 1887—2019 年(但冬季结束于 2018 年)。

3.6 小结

本章详细介绍了天津地区 1887 年以来均一化最高和最低气温日值序列的构建过程。类似的技术方法可以并且应该用于全球范围内其他时间上具有足够长并且完整的气候观测序列的建立。该技术方法最大程度地减少了迁站、仪器变更及观测时间改变等非气候因素对逐日气温序列造成的非均一性影响，提高数据的准确性，进而增强百年尺度区域平均温度和极端温度真实气候变化特点的可靠性和代表性。

构建的基础数据来自天津市气象档案馆馆藏的(1)天津英租界工部局工程处记录的 1890 年 9 月 1 日—1931 年 12 月 31 日；(2)华北水利委员会测候所记录的 1932 年 1 月 1 日—1950 年 12 月 31 日；(3)天津地面气象观测数据月报文件提取的 1951 年 1 月 1 日—2019 年 12 月 31 日地面日最高和最低气温观测记录。通过气候界限值、气候异常值以及内部一致性三步数据质量控制检验，使得这三类数据源为天津百年尺度均一化逐日气温序列的构建提供了可靠的数据基础。同时，为尽可能建立时间较长的气温观测序列，构建过程中进行了时间序列的延长插补，遗憾的是，由于日值参考序列时间长度的限制，这里仅对天津逐日最高气温数据进行了向前延长。

进而，基于数据整合、质量控制以及延长插补后的逐日最高和最低气温序列，利用 PMT 法结合以往人工处理数据经验，通过多种途径建立的参考序列，从客观角度对逐日最高和最低气温观测序列中存在的统计显著断点进行了均一性检验和订正。该气温序列为我国百年尺度极端气候变化研究领域提供了一套新的基础数据，并为长年代可靠连续日值气候观测序列的建立提供了重要参考。基于新建气温序列统计得到，天津地区近 130 年以来年平均最高和最低气温趋势变化分别为 (0.119 ± 0.015)℃$\cdot(10a)^{-1}$ 和 (0.194 ± 0.013)℃$\cdot(10a)^{-1}$，该变化幅度与对应 Berkeley Earth 和 CRUTS4.03 统计得到的天津年平均最高和最低气温趋势变化基本一致。同时，利用新建逐日最高和最低气温平均得到的天津地区年平均气温趋势变化为(0.154±0.013)℃·$(10a)^{-1}$，与整个中国区域年平均气温增暖幅度在同一量级(Li et al.，2020a,2020b)。另外，新建百年逐日最高和最低气温数据也为极端气候事件的变化分析提供了可靠基础数据。TN10p，TX10p，TN90p 和 TX90p 年和季节尺度的趋势变化均通过 0.05 显著性检验，并且从变化特点上表现出更好的一致性。因此，一定程度上可以说明，本章构建的天津百年尺度日数据可以为极端气候事件变化分析提供更为可靠的基础数据源。

然而，需要说明的是，在当前的百年气候观测序列构建技术中，由于缺乏足够详细的天津气象观测站历史气候档案信息，可能造成 1921 年以前新建气温序列中还会存在一些系统误差(可能错失一些潜在序列断点的订正)。所以，气候资料的均一化分析并不是遵循一成不变的固定步骤或模式(Si et al.，2018,2019)，而是需要不断改进现有方法和发掘新的处理技术，以此获取更为可靠的均一化数据产品。因此，在以后的工作中应该尽可能利用更为详尽的台站元数据信息和更先进的数据处理技术来生产更为可靠的百年尺度的逐日气候数据集。

第4章 北京地区百年均一化气温日值序列的构建

北京气象观测站是世界气象组织百年气象站之一，具有我国大城市气候的典型特征。所以，该站尽可能长时间尺度的气温逐日观测资料对于揭示我国自然因素和人类活动影响的气候变化是尤为重要的。

4.1 北京气象观测站历史沿革

查阅中国近代气象台站信息显示(吴增祥，2007)，1951年以前的不同时间段，北京气象观测站分别有6个观测点，观测的重合时段主要集中在1913年11月—1944年12月。北京地磁气象台(观测点1)是在中国最早使用近代气象仪器连续进行观测的气象台站，1841年1月—1866年12月期间隶属俄国东正教会，1867年1月—1914年12月隶属俄圣彼得堡科学院。观测点2起止于1915年4月—1949年12月，观测期间隶属多个机构，包括北洋政府教育部、国民政府大学院、民国气象研究所、国立北平研究院、伪华北政务委员会、民国中央气象局以及解放军北平军管会航空处。观测点3～6观测记录时间长短不一，并且时间上存在间断性：观测点3的观测时段为1913年11月—1937年7月和1940年3月—1945年5月；观测点4～6的观测时段分别为1932年1月—1936年12月、1939年1月—1943年12月、1940年9月—1944年12月。然而，尽管观测点3在1937年和1940年之间存在观测间断，但相对测点4，5和6，其具有相对较长且完整的时间序列。

根据《地面气象观测规范》(1950年版；1954年版；1964年版；1979年版；2003年版；2019年版)以及中国地面气象站元数据(V1.0，http://data.cma.cn/)对北京气象观测站1841年1月1日—2019年12月31日的历史沿革信息进行了整理(表4.1)。相比Yan等(2001)研究工作，本书收集了更加完整的迁站时间、地点、台站位置、仪器变更以及观测时间改变的详细信息，为该站日最高和最低气温数据的质量分析提供更为客观的事实依据。如表4.1所示，1841年以来，北京气象观测站历经了8次迁站过程，分别出现在1912年11月29日、1940年1月1日、1953年6月1日、1965年1月1日、1969年1月1日、1970年7月1日、1981年1月1和1997年4月1日，其中，1940年1月1日开始周边探测环境由市区变为郊区，并且除了1953年6月1日的迁站以外，其他时间新旧站址的水平距离和海拔高度差异均较显著，而这些变化也明显增加了气温观测序列中非均一性的可能性。遗憾的是，这里没有查阅到1951年以前有关最高和最低气温数据观测仪器变更和观测时间的任何具体信息。在1951年1月1日—2019年12月31日观测期间，日最高和最低气温的观测时间发生了4次改变，但均是北京时24 h观测时制。Vincent等(2002)的研究表明，这种改变可能不会导致逐日气温观测序列产生统计显著的突变点。1954 年 1 月 1 日以来，人工观测时期最高和最低气温数据的观测仪器分别发生了 8 次和 5 次变更，2003 年自动观测取代人工观测，2014 年前后新型自动气象站观测系统进入业务运行。图 4.1 中标注出北京气象观测站 8 次迁站和 2 次自动化仪器变更的时间点。

表 4.1　北京气象观测站 1841 年 1 月 1 日—2019 年 12 月 31 日历史沿革信息

观测时段	纬度	经度	海拔高度/m	站址（探测环境）	迁站信息	仪器变更	观测时间
1841 年 1 月 1 日—1912 年 11 月 28 日	39°57′N	116°28′E	37.5	北京东直门胡家园胡同（不详）	—	—	不详
1912 年 11 月 29 日—1939 年 12 月 31 日	39°54′N	116°28′E	42.8	北京建国门泡子河北岸（市区）	不详	不详	不详
1940 年 1 月 1 日—1950 年 12 月 31 日	39°56′N	116°20′E	51.3	北京西郊公园（郊区）	距原址西北部 9.5 km	不详	不详
1951 年 1 月 1 日—1953 年 5 月 31 日	39°56′N	116°20′E	51.3	同上	—	不详	最高气温 18:00 最低气温 09:00
1953 年 6 月 1 日—1953 年 12 月 31 日	39°57′N	116°19′E	52.3	北京西郊五塔寺 7 号（郊区）	距 1940 年站址北部 0.8 km	不详	—
1954 年 1 月 1 日—1960 年 12 月 31 日	39°57′N	116°19′E	52.3	同上	—	最高气温 1954 年 1 月 1 日 最低气温 1954 年 1 月 1 日	不详
1961 年 1 月 1 日—1964 年 12 月 31 日	39°57′N	116°19′E	52.3	同上	—	最高气温 1961 年 11 月 23 日 最低气温 1961 年 11 月 23 日	每日 20:00 观测
1965 年 1 月 1 日—1968 年 12 月 31 日	39°35′N	116°19′E	29.4	北京市大兴县东黑堡村（郊区）	距 1953 年站址东南部 38.8 km	最高气温 1965 年 1 月 1 日 1968 年 1 月 1 日 最低气温 1965 年 1 月 1 日 1968 年 1 月 1 日	—
1969 年 1 月 1 日—1970 年 6 月 30 日	39°56′N	116°16′E	53.3	北京市西郊彰化农场（郊区）	距 1965 年站址西北部 44.0 km	—	—
1970 年 7 月 1 日—1980 年 12 月 31 日	39°48′N	116°28′E	31.2	北京市大兴旧宫东（郊区）	距 1969 年站址东南部 24.0 km	最高气温 1971 年 1 月 1 日 1974 年 1 月 1 日 最低气温 1971 年 1 月 1 日	—
1981 年 1 月 1 日—1997 年 3 月 31 日	39°56′N	116°17′E	54.0	北京市海淀区北洼路又一村（郊区）	距 1970 年站址西北部 22.0 km	最高气温 1987 年 2 月 17 日 1996 年 1 月 1 日 最低气温 —	—
1997 年 4 月 1 日—2002 年 12 月 31 日	39°48′N	116°28′E	31.3	北京市大兴旧宫东（郊区）	距 1981 年站址东南部 22.0 km	—	—
2003 年 1 月 1 日—2013 年 12 月 31 日	39°48′N	116°28′E	31.3	同上	—	自动观测	定时分钟数据挑取
2014 年 1 月 1 日至今	39°48′N	116°28′E	31.3	同上	—	新型自动观测设备	定时分钟数据挑取

注：表中“—”表示没有变动；“不详”表示无据可查；观测时制为北京时（BT）。

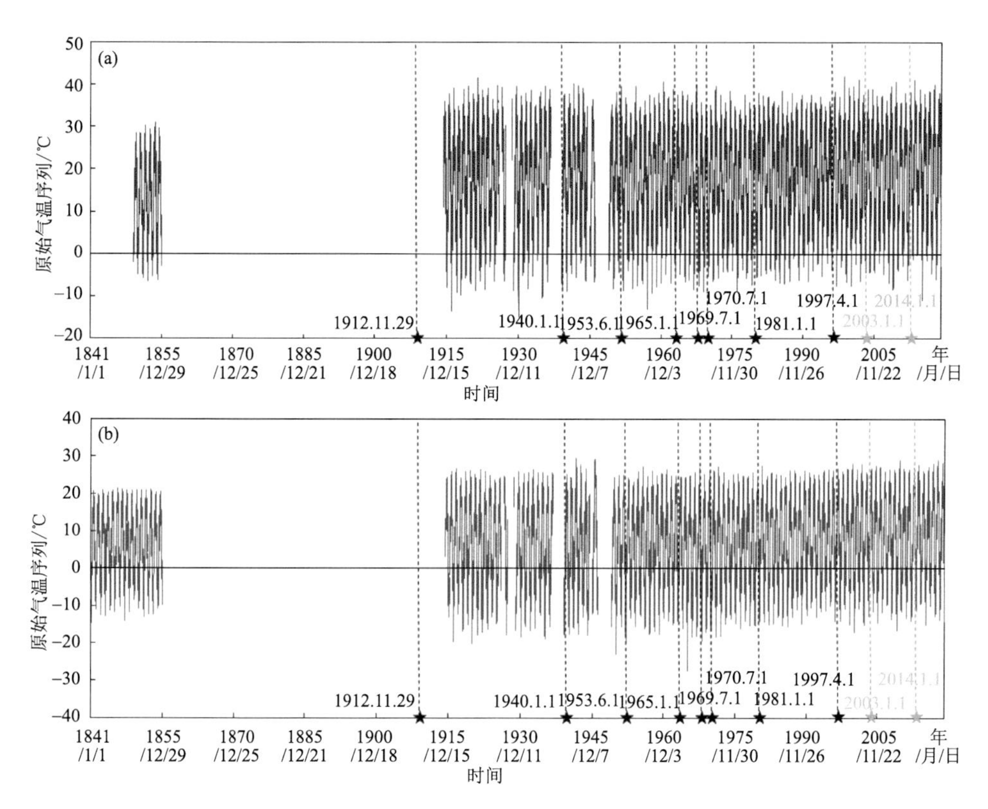

图 4.1　北京气象观测站 1841 年 1 月 1 日—2019 年 12 月 31 日原始观测的逐日最高(a)和最低(b)气温序列(带黑色和绿色星号的垂直虚线分别标注 8 次迁站和 2 次自动化观测仪器变更的记录时间)

4.2　数据来源

4.2.1　原始基础数据及其质量控制

本书中选取中国气象局国家气象信息中心收集整理的两类观测资料作为构建北京气象观测站 1841 年以来最高和最低气温日值序列的基础数据。一类是 1950 年 12 月 31 日以前北京气象观测站 5 个观测点数字化的原始观测资料，包括观测点 1～3(与中国近代气象台站信息记录一致。吴增祥，2007)，观测点 7 和 8(与中国近代气象台站信息记录不一致。吴增祥，2007)，其中，对于观测点 7 和 8，除了经纬度、海拔高度和观测时段的信息以外，本书没有查阅到这两个站的其他具体信息。根据观测记录的完整性，对观测点 2 和 3 的重复数据进行了剔除，表 4.2 给出各观测点观测数据的时间段和缺测率。如表 4.2 所示，观测点 1 观测时段的最高和最低气温数据缺测率相对最高，分别达到 80.6%和 52.1%，而观测点 2、3 和 7 分别仅有 1.0%～1.5%的缺测数据。另一类则是中国气象局发布的《中国地面日值资料》，时间段为 1951 年 1 月 1 日—2019 年 12 月 31 日，资料完整性为 100%。这里直接将两类资料拼接为一条完整的时间序列，形成原始的北京气象观测站 1841 年 1 月 1 日—2019 年 12 月 31 日逐日最高和最低气温观测序列(图 4.1)。

表 4.2　1950 年 12 月 31 日以前北京气象观测站原始基础观测数据信息

观测点	观测时间段	缺测率/%	
		最高气温	最低气温
1	1841 年 1 月 1 日—1855 年 12 月 31 日；1868 年 4 月 1 日—1883 年 12 月 31 日	80.6	52.1
2	1915 年 4 月 12 日—1937 年 8 月 31 日；1940 年 1 月 1 日—1943 年 10 月 31 日	1.5	1.1
3	1940 年 3 月 1 日—1945 年 5 月 31 日	1.0	1.0
7	1946 年 1 月 1 日—1947 年 2 月 28 日	1.3	1.3
8	1950 年 1 月 1 日—1950 年 12 月 31 日	0	0

为保证原始基础数据的质量，对上述整合后的 1841—2019 年日最高和最低气温观测数据进行质量控制，以此去除人工观测、仪器故障及数字化过程中人工录入等导致的错误数据。首先，界限值检查，超出 −80℃或 60 ℃的日最高或最低气温数据为错误数据；其次，内部一致性检查，如果同一时间出现最低气温大于或等于最高气温，通过人工核查该时间点的最低和最高气温数据所在时间序列中变化的合理性，判断该最低或最高气温数据是否为错误数据；最后，气候异常值检查，分别计算日、月、年最高和最低气温距平序列（标准气候值为 1961—1990 年），同时超出月和年气温距平序列 3～5 倍标准差的日最高或最低气温数据为可疑数据，通过人工判断是否为错误数据。检查结果如表 4.3 所示。

表 4.3　北京气象观测站日最高和最低气温数据的质量控制

	界限值检查（气温）	内部一致性检查		气候异常值检查（气温）
		处理前（气温）	处理后（气温）	
最高气温	1916 年 4 月 12 日（213.7 ℃）	1851 年 3 月 12 日（6.7 ℃） 1855 年 2 月 12 日（−6.3 ℃） 1918 年 2 月 20 日（−9.1 ℃） 1945 年 4 月 17 日（10.1 ℃） 1946 年 1 月 24 日（1.1 ℃） 1946 年 3 月 8 日（−2.8 ℃） 1946 年 3 月 14 日（0.0 ℃）	1851 年 3 月 12 日（6.7 ℃） 1855 年 2 月 12 日（6.3 ℃） 1918 年 2 月 20 日（9.1 ℃） 1945 年 4 月 17 日（30.4 ℃） 1946 年 1 月 24 日（1.1 ℃） 1946 年 3 月 8 日（2.8 ℃） 1946 年 3 月 14 日（缺测）	1943 年 12 月 1 日—1943 年 12 月 31 日
最低气温	—	1851 年 3 月 12 日（11.6 ℃） 1855 年 2 月 12 日（−3.4 ℃） 1918 年 2 月 20 日（−4.8 ℃） 1945 年 4 月 17 日（19.5 ℃） 1946 年 1 月 24 日（2.7 ℃） 1946 年 3 月 8 日（−0.6 ℃） 1946 年 3 月 14 日（0.0 ℃）	1851 年 3 月 12 日（缺测） 1855 年 2 月 12 日（−3.4 ℃） 1918 年 2 月 20 日（−4.8 ℃） 1945 年 4 月 17 日（14.8 ℃） 1946 年 1 月 24 日（−2.7 ℃） 1946 年 3 月 8 日（−0.6 ℃） 1946 年 3 月 14 日（0.0 ℃）	1946 年 6 月 1 日—1946 年 11 月 30 日

注：界限值检查和内部一致性检查（处理前）括号里的数据分别为错误、可疑数据；内部一致性检查（处理后）括号里的数据为更改后的数据。

表 4.3 中界限值检查和气候异常值检查的错误数据均置为缺测值。内部一致性检查结果显示，有 7 个对应的日最高和最低气温数据存在逻辑错误，这里采用三种途径对这些数据进行处理。一是直接置为缺测值，这类数据无法通过人工判断其所在时间序列中变化的合理性，如 1946 年 3 月 14 日最高气温和 1851 年 3 月 12 日最低气温；二是变更数据的正负符号，这类数

据可以直接通过人工进行判断，如 1855 年 2 月 12 日、1918 年 2 月 20 日和 1946 年 3 月 8 日最高气温，1946 年 1 月 24 日最低气温；三是利用原始数据源中重复观测时段的数据对可疑数据进行替换，这类数据同样能够通过人工判断为错误数据，如 1945 年 4 月 17 日的最高和最低气温数据。另外，基于原始的日最高气温数据计算了年和季节尺度的最高气温序列，如图 4.2 所示，1850 年 2 月 1 日—1855 年 12 月 31 日期间年和各季节的年代际变化与对应其他时间段相比存在明显异常，但由于 1951 年以前缺乏详细的台站历史沿革信息（表 4.1），所以无法确定该时段数据的真实性，因此，这里将该时段的日最高气温数据均置为缺测值。

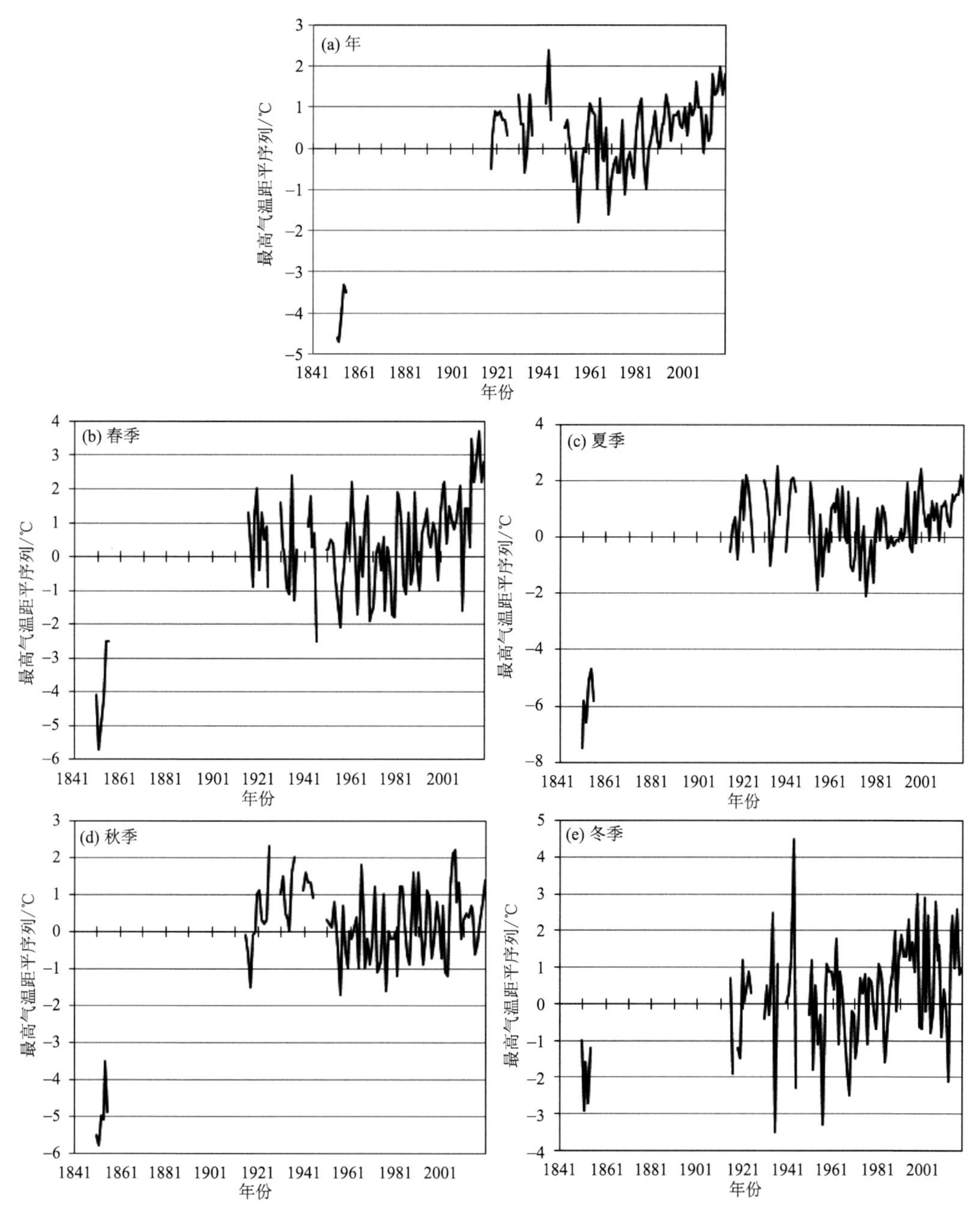

图 4.2　北京气象观测站年和季节最高气温原始基础观测序列

4.2.2 参考资料源

通过表 4.2 统计得到北京气象观测站 1841—1950 年逐日观测最高和最低气温资料的缺测率较高，为尽可能保证原始基础数据的完整性，这里需要采用参考资料源对 1951 年以前的数据进行插补。同时，建立高质量的气候参考序列对数据均一性检验和订正是非常重要的(Si et al.，2018，2019)。同样由于 1951 年以前我国逐日观测资料以及台站元数据信息的匮乏，导致无法找到完整并且相对均一的参考序列作为北京地区真实气候变化的参照。这里仍然沿用第 3 章天津地区百年逐日气温序列构建中选取的参考资料源，即(1)美国伯克利地球研发中心研发的地球表面温度数据集(Berkeley Earth-monthly/daily，http://berkeleyearth.org/data/，Rohde et al.，2013a；2013b)；(2)英国东英格利亚大学气候研究中心研发的全球月平均地表气候数据集(CRUTS4.03，http://data.ceda.ac.uk/badc/cru/data/cru_ts/cru_ts_4.03/data/，Harris et al.，2020)；(3)美国国家气候资料中心研发的全球历史气候数据集(GHCNV3，https://www.ncdc.noaa.gov/ghcnd-data-access，Lawrimore et al.，2011)，三类国际上较为权威的全球陆表温度观测数据集作为北京气象观测站原始基础数据插补和均一化分析的气候参考资料源。如表 4.4 所示，这三类数据集不是独立的，因为它们使用了几乎相同的站点观测资料作为输入数据。然而，由于它们采用了不同的统计方法来处理数据问题(如不完整的时空覆盖和对观测站环境的非气候影响等)，其仍为气候变化研究领域提供了有价值的基础数据(Hansen et al.，2010)。三类数据中，仅有 Berkeley Earth 数据有月和日尺度的观测数据，其他两类均为月尺度观测数据。这里直接采用北京气象观测站点的 GHCNV3 数据，对于 Berkeley Earth 和 CRUTS4.03 两类格点数据均利用双线性插值法插到站点水平进行分析。

表 4.4 参考资料源信息

<table>
<tr><th>参考资料源</th><th>时间分辨率</th><th>格点或站点</th><th>对应北京气象观测站的时间段</th><th>是否质量控制</th><th>是否均一性订正</th></tr>
<tr><td>CRUTS4.03</td><td>月</td><td>0.5°×0.5°格点</td><td>1901 年 1 月—2018 年 12 月</td><td>√</td><td>√</td></tr>
<tr><td>Berkeley Earth-monthly</td><td>月</td><td>1°×1°格点</td><td>1872 年 12 月—2019 年 12 月</td><td rowspan="2">√</td><td rowspan="2">×</td></tr>
<tr><td>Berkeley Earth-daily</td><td>日</td><td>1°×1°格点</td><td>最高气温 1880 年 1 月—2018 年 12 月
最低气温 1902 年 5 月—2018 年 12 月</td></tr>
<tr><td>GHCNV3</td><td>月</td><td>站点</td><td>最高气温 1915 年 5 月—2019 年 7 月
最低气温 1915 年 5 月—2017 年 10 月</td><td>√</td><td>√</td></tr>
</table>

4.3 数据插补

这里采用插值到北京站点水平(39°48′N，116°28′E)的 Berkeley Earth 逐日最高和最低气温数据作为北京气象站质量控制后基础观测序列的插补源。Berkeley Earth 是目前国际上权威发布数据集中仅有的包含全球范围内时间相对较长、完整且可靠的逐日温度观测数据(www.BerkeleyEarth.org)。在估计全球陆地平均和典型局部误差的能力方面，相比 NASA GISS(Hansen et al.，2010)和 Hadley CRU(Jones et al.，2012)，Berkeley Earth 数据集的制作方法(伯克利地球平均方法)在重现全球和局部温度场细节方面都显示出更高的准确性(Rohde et al.，2013c)。由于北京和天津属同一气候区，气温的平均气候状态是一致的(Yan et al.，2001)。所以，根据第 3 章对天津地区插补数据误差分析结果，这里直接采用标准化序列法对北京地区 1951 年以前连续间断和缺测年份数据进行插补，该方法在余予等(2012)，Cao 等(2013,2017)及司鹏等(2017)研究中均得到了很好的应用。具体步骤如下：

$$Z_{\mathrm{Berkeley}}=\frac{(x_i-\overline{x_i})}{s_i} \tag{4.1}$$

$$y_{\mathrm{BJ}}=Z_{\mathrm{Berkeley}}\,s_{\mathrm{BJ}}+\overline{y_{\mathrm{BJ}}} \tag{4.2}$$

其中，Z_{Berkeley}是 Berkeley Earth 日数据站点插值的标准化序列，x_i是某一时间 Berkeley Earth 日数据站点插值的数据，$\overline{x_i}$和s_i分别是某一时间 Berkeley Earth 日数据站点插值序列拟合时段的平均值和标准差；y_{BJ}是北京气象站某一时间的逐日最高或最低气温插补数据，$\overline{y_{\mathrm{BJ}}}$和$s_{\mathrm{BJ}}$分别是北京气象站某一时间逐日最高或最低气温序列拟合时段的平均值和标准差。

拟合时段的选取主要是根据北京气象站质量控制后基础观测序列的质量情况，为尽可能保证插补数据的可靠合理，需要选择同时满足 1951 年以前资料完整(表 4.2 统计显示没有缺测数据)并且相对均一的(表 4.1 给出的元数据没有发生迁站、仪器变更和观测时间变化的)时间序列作为拟合时段。因此，选取了 1918 年 1 月 1 日—1925 年 12 月 31 日和 1930 年 1 月 1 日—1936 年 12 月 31 日两个时段。图 4.3 给出基于质量控制后逐日观测数据统计得到的北京气象观测站年平均最高和最低气温序列及分别利用两个拟合时段得到的插补序列。

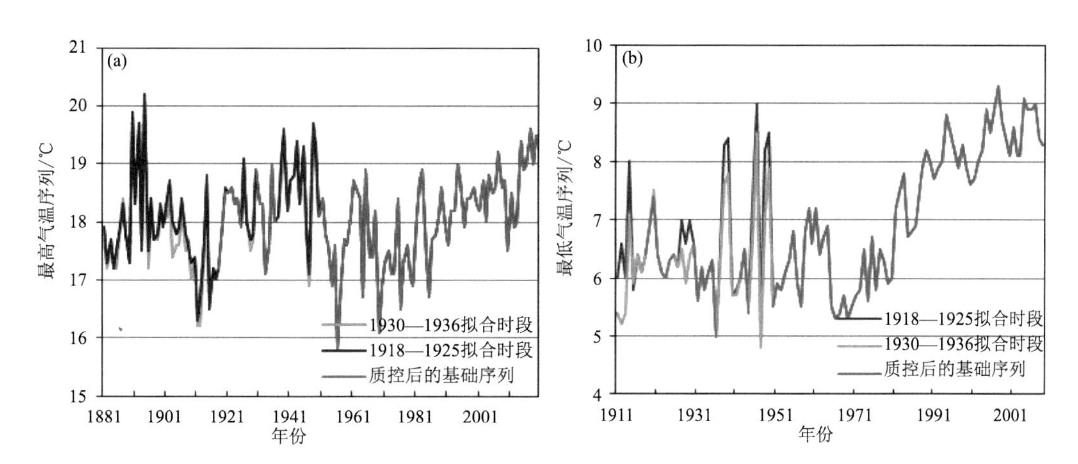

图 4.3　基于质量控制后逐日观测数据统计得到的北京气象观测站年平均最高(a)和最低(b)气温序列及其 1918—1925 年、1930—1936 年两个拟合时段的插补序列

如图 4.3 所示，最高气温(图 4.3a)在 1881—1950 年有 70%的年份存在缺测数据，而最低气温(图 4.3b)在 1911—1950 年有 47.5%的年份存在缺测数据。从两个拟合时段插补结果的比较来看，1918 年 1 月 1 日—1925 年 12 月 31 日时段最高和最低气温的插补值相对 1930 年 1 月 1 日—1936 年 12 月 31 日要大，并且两个拟合时段的插补值均有明显的年际变化差异。利用 1930 年 1 月 1 日—1936 年 12 月 31 日插补的最高气温序列(图 4.3a)，在 1903 年前后突然出现减少的突变。相反，对于最低气温来说(图 4.3b)，利用 1918 年 1 月 1 日—1925 年 12 月

31 日的插补值，在 1927—1929 年期间突然出现增大的突变，存在明显的年际变化异常。因此，通过比较来看，对于北京气象站逐日最高和最低气温序列插补的拟合时段，分别采用 1918 年 1 月 1 日—1925 年 12 月 31 日和 1930 年 1 月 1 日—1936 年 12 月 31 日。

4.4 数据均一化

基于上述插补后的基础数据，来构建北京 1841 年以来均一化日最高和最低气温序列。通过均一化分析处理来剔除最高和最低气温序列中因迁站和仪器变更（表 4.1）导致的气候序列非均一性影响，以此尽可能保留北京地区可靠合理的气候变化特征（Bonsal et al.，2001；Menne et al.，2012；Zhao et al.，2014；Li et al.，2015；Leeper et al.，2015；Hewaarachchi et al.，2017；Xu et al.，2018）。建立过程如图 4.4 所示。

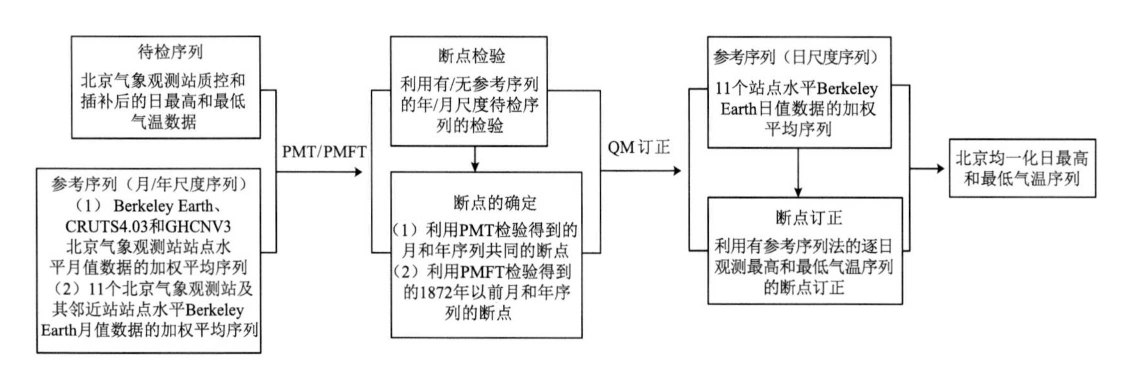

图 4.4 北京气象观测站 1841—2019 年日最高和最低气温序列的均一化

4.4.1 参考序列的建立

正如第 2 章所述，为了得到更为可靠的序列断点并对其进行合理订正，这里建立了年、月、日三种时间尺度的参考序列，年和月尺度参考序列用于序列断点检验，日尺度参考序列用于序列断点订正。其中，年和月尺度参考序列的建立采用了两种途径：一是基于 Berkeley Earth、CRUTS4.03 和 GHCNV3 北京气象观测站站点水平的月值数据；二是仅基于 Berkeley Earth 插值到站点水平的月值数据。日尺度参考序列的建立仅基于 Berkeley Earth 插值到站点水平的日值数据。三种时间尺度参考序列的建立均采用加权平均法。基于 Berkeley Earth、CRUTS4.03 和 GHCNV3 月值数据年和月尺度参考序列的建立，加权系数分别为三类数据与对应北京气象观测站观测数据相关系数的平方；仅基于 Berkeley Earth 月值或日值数据的年、月、日尺度参考序列的建立，加权系数为选取的 11 个插值到站点水平（图 4.5）的 Berkeley Earth 数据分别与北京气象观测站观测数据相关系数的平方。11 个站点的选取是根据实际气象观测站信息，主要依据邻近北京气象站、与其海拔高度差低于 200 m，并且水平距离小于 300 km 的条件进行筛选，具体方法参照 Si 等（2021）。图 4.6 给出两种途径建立的北京气象观测站最高和最低气温资料的年和月尺度参考序列。

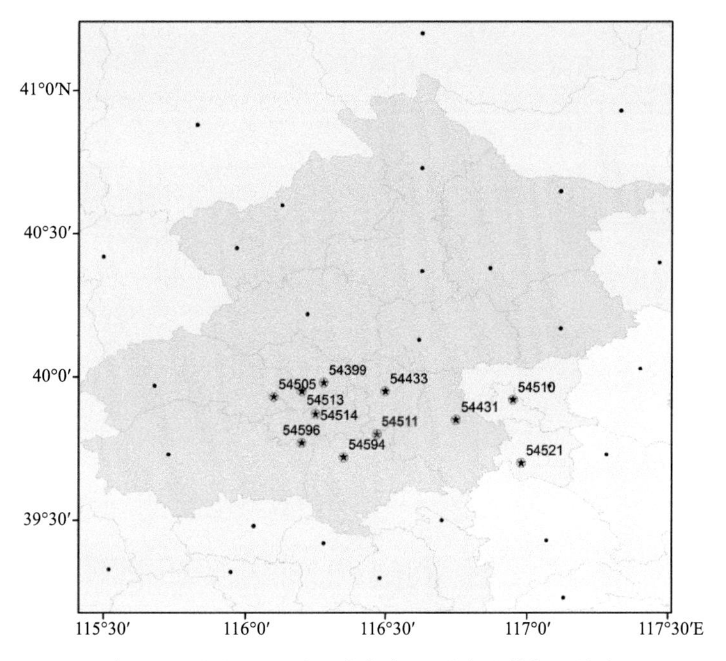

图 4.5 选取的 11 个北京气象观测站及其邻近站点

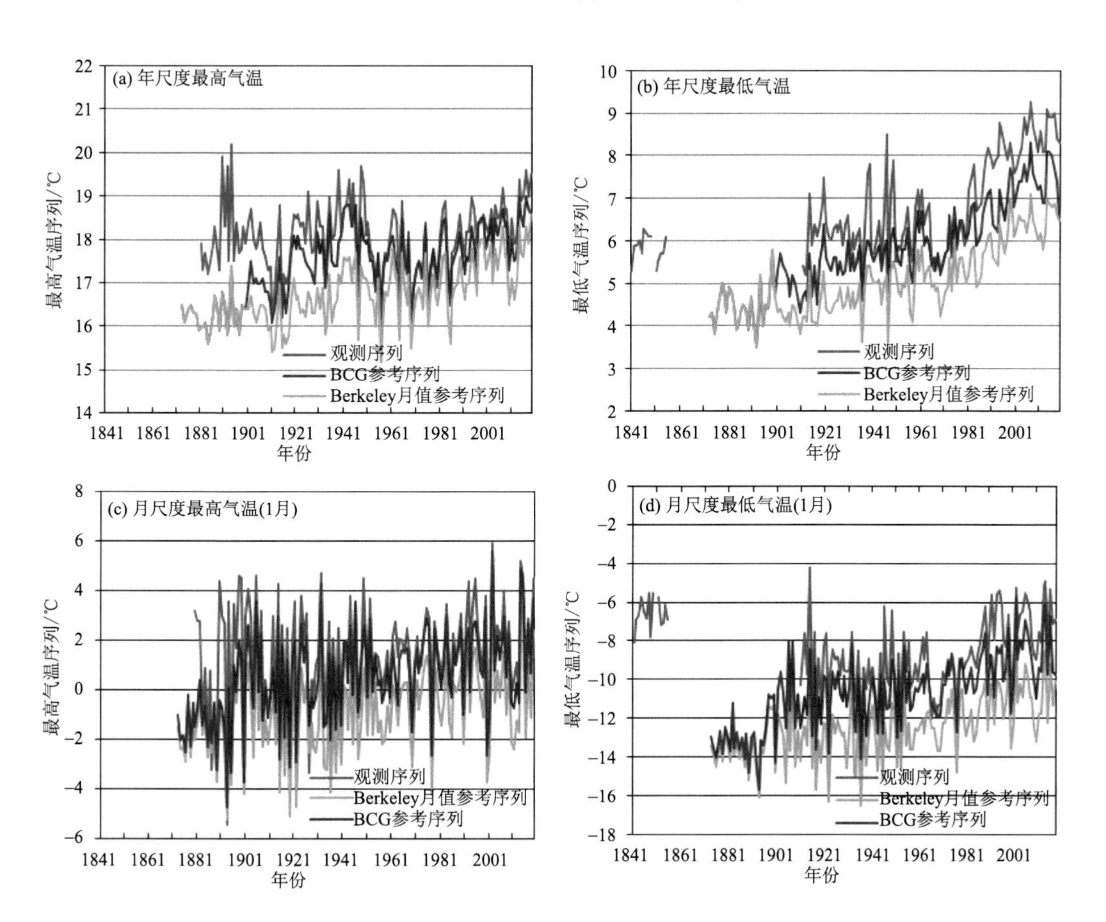

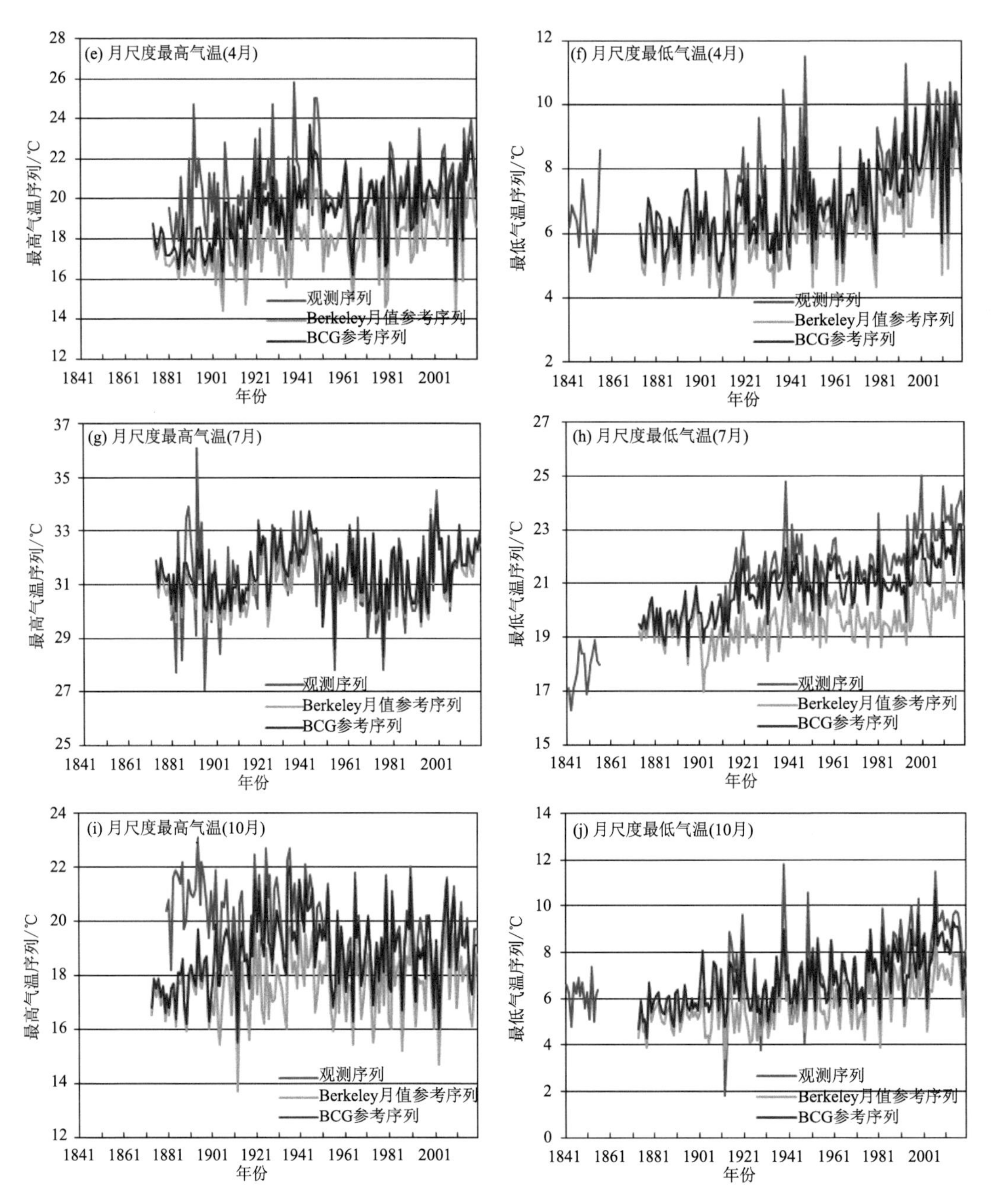

图 4.6　年和月尺度最高(a, c, e, g, i)和最低(b, d, f, h, j)气温基础观测序列及其两种参考序列(BCG 参考序列指的是基于 Berkeley Earth, CRUTS4.03 和 GHCNV3 月值数据建立的参考序列; Berkeley 月值参考序列指的是仅基于 11 个站点水平 Berkeley 月值数据建立的参考序列)

4.4.2　断点检验和订正

这里采用惩罚最大 T 检验(PMT)(Wang et al., 2007)和惩罚最大 F 检验(PMFT)(Wang, 2008)对北京气象观测站日最高和最低气温观测序列进行均一性检验。由于逐日观测数据波动较大且序列存在较高的自相关性，导致日尺度序列的均一性检验存在很大困难(Vincent，2012；Trewin，2013)。因此，利用 PMT 法(0.05 显著性水平)，在两种参考序列下，同时对年和月尺度最高和最低气温序列进行检验。另外，由于建立的参考序列仅始于 1872 年，为了使检验得到的序列断点尽可能完整，这里也同时采用 PMFT 法(0.05 显著性水平)，在无参考序列下，对年和月尺度最高和最低气温序列进行检验，以此补充 1872 年以前的断点信息。结合台站历史沿革信息(表 4.1)，保留利用 PMT 法在年和月序列中被同时检验出的相同时间的统计显著断点以及利用 PMFT 法检验得到的 1872 年以前统计显著断点。进而，通过分位数匹配法(QM)(0.05 显著性水平)(Wang et al.，2010)，在日尺度参考序列下，对北京气象观测站日最高和最低气温序列进行断点订正，订正结果如图 4.7 所示。

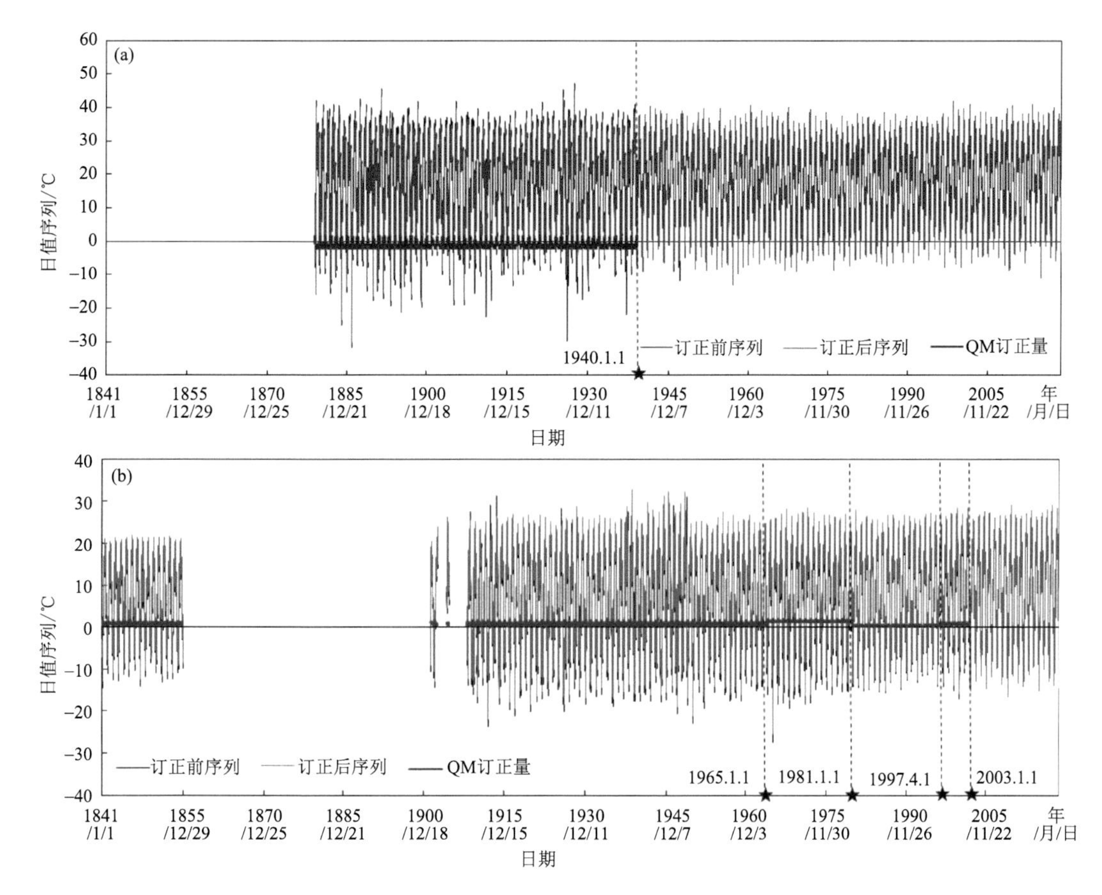

图 4.7 北京气象观测站均一性订正前后最高(a)和最低(b)气温日值序列及其 QM 订正量
(垂直虚线标注出序列断点分别为 1940 年 1 月 1 日，1965 年 1 月 1 日，1981 年 1 月 1 日，1997 年 4 月 1 日和 2003 年 1 月 1 日)

从图 4.7 可以看出，鉴于统计检验的显著与否，不是所有发生的迁站或仪器变更(表 4.1 或图 4.1 列出的潜在断点)等非气候因素都会导致日最高和最低气温序列产生非均一性影响。对于最高气温来说(图 4.7a)，迁站仅造成了其在 1940 年 1 月 1 日产生了统计显著的断点(0.05 显著性水平)，北京气象站观测序列与日参考序列的差值序列在该时间点前后的突变幅度为−0.7046 ℃。与最高气温相比，最低气温受迁站影响较为突出(图 4.7b)，造成了其在

1965年1月1日、1981年1月1日和1997年4月1日均产生了统计显著的断点(0.05显著性水平),对应差值序列的突变幅度分别为−0.6275 ℃、1.1041 ℃、−0.5014 ℃。同时,自动化观测(仪器变更)也造成了日最低气温在2003年1月1日出现了统计显著的断点(0.05显著性水平),突变幅度为0.8603 ℃。这可能主要与最低气温自身的物理特性有关,由于一天中的最低气温往往出现在日出之前,而这个时候大气边界层最为稳定,局地微气象尺度特征也最为明显,所以,迁站或仪器变更等非气候因素很容易导致最低气温序列出现明显的统计显著的断点。另外,从图4.7显示的结果还可以看出,观测时间的改变并没有造成北京气象观测站日最高和最低气温序列产生非均一性影响,这可能主要是因为每天的最高和最低气温总是记录在北京时间的24 h观测窗口内(Vincent et al.,2002),该分析结果与第3章天津百年均一化最高和最低气温日值序列的检验结果一致。

图4.8给出北京气象观测站日最高和最低气温序列的QM订正量。图中显示,对日最高气温序列的订正以负偏差为主(图4.8a),占总订正量的86%左右,而对日最低气温序列的订正全部为正偏差(图4.8b)。从订正幅度来看,日最高气温序列的QM订正有60%左右集中在−1.0~−0.5 ℃范围内,而对日最低气温来说,则分别集中在0.3~0.5 ℃、0.7~0.8 ℃和1.1~1.3 ℃范围内,分别占总订正幅度的17%、12%和23%。日最高和最低气温序列QM订正量的中值分别为−0.854 ℃和0.828 ℃,对应的平均值分别为−0.707 ℃和0.883 ℃。从图4.9给出基

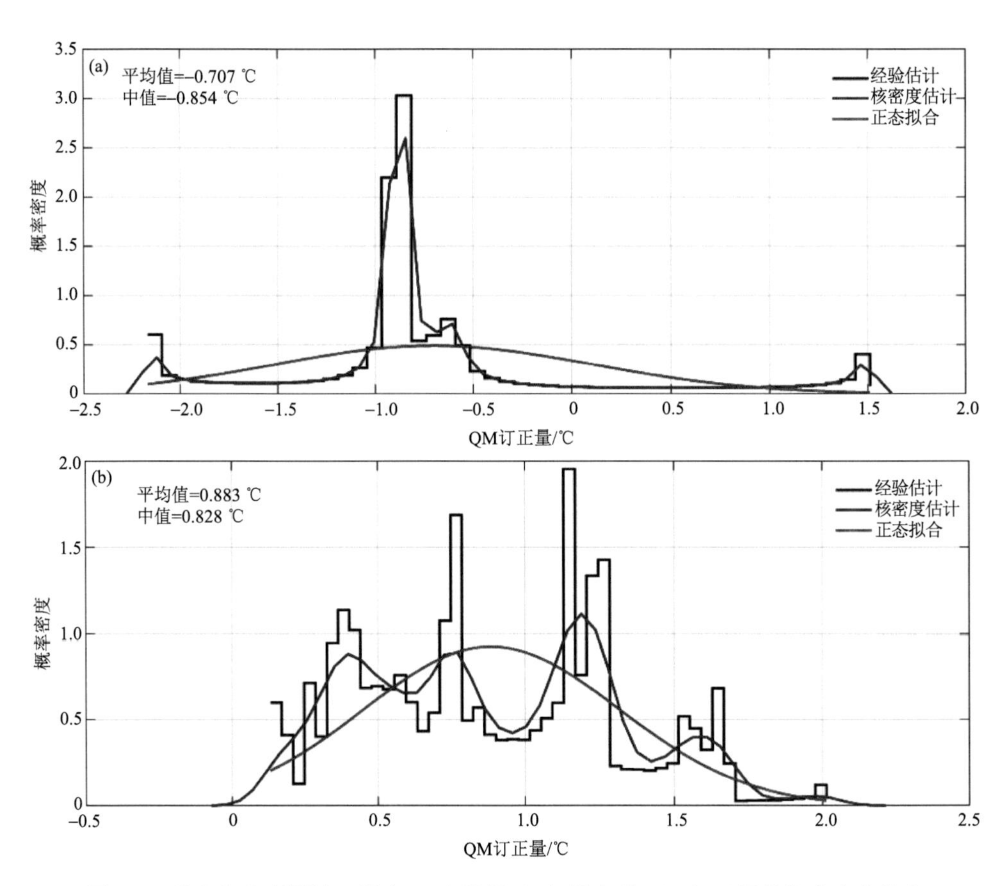

图4.8 北京气象观测站日最高(a)和最低(b)气温序列QM订正量的概率密度分布

于日订正量统计得到的月平均 QM 订正量来看，最低气温的月平均订正幅度没有明显的起伏变化，逐月变化幅度为 0.6～1.1 ℃。而最高气温则呈现倒单峰形状，主要表现出冬季月份(1 月、2 月和 12 月)为正偏差订正，夏季月份(6 月、7 月和 8 月)则为较大的负偏差订正。

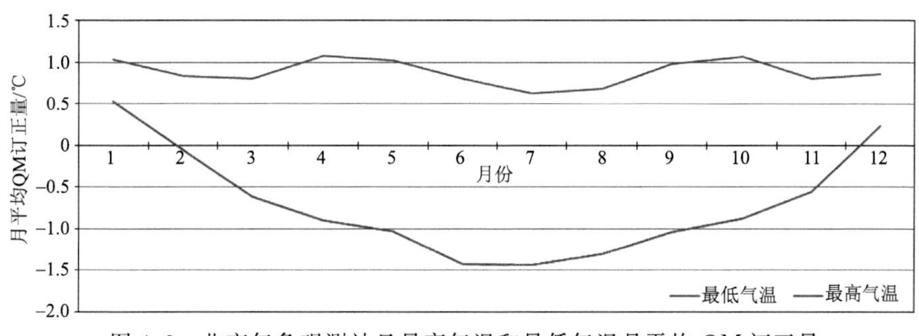

图 4.9 北京气象观测站日最高气温和最低气温月平均 QM 订正量

4.5 北京地区百年尺度的气候变化特征

如图 4.10 所示，与原始序列相比，均一性订正明显减弱了最高和最低气温序列中因迁站和仪器变更导致的序列突变影响。对最高气温来说(图 4.10a)，对 1940 年 1 月 1 日迁站影响的订正使得 1940 年以前的最高气温值比原始值要小，这与北京气象观测站历史沿革信息(表 4.1)给出的 1940 年之后探测环境由市区变为郊区的气候条件相符合。同样，对于最低气温来

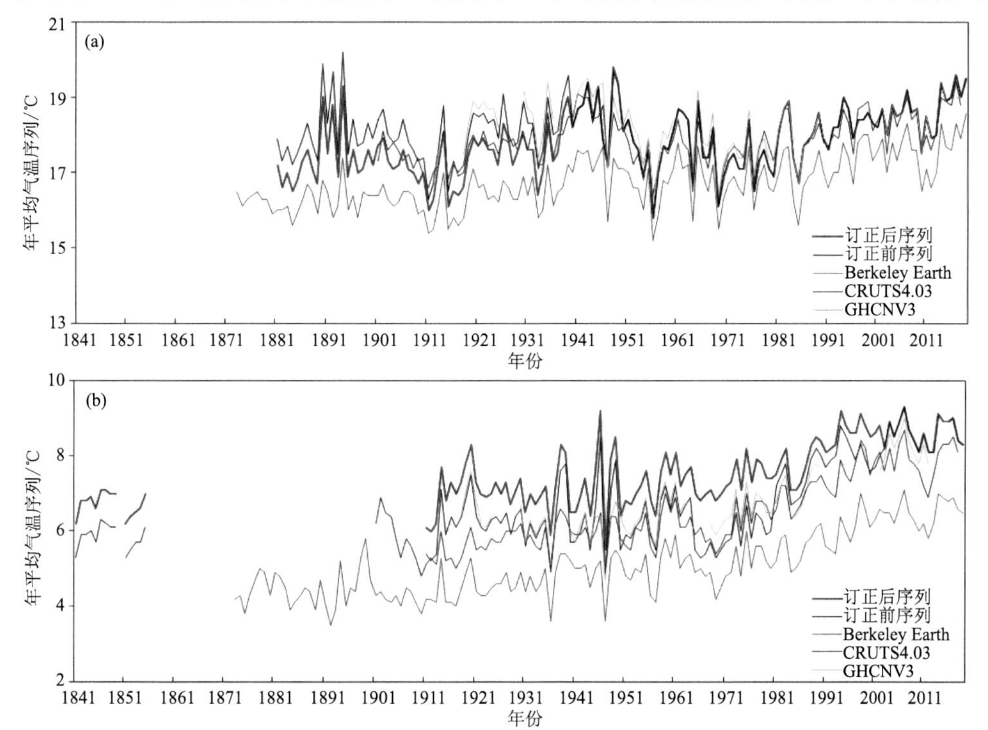

图 4.10 北京气象观测站 1841—2019 年均一性订正前后的年平均最高(a)和最低(b)气温序列及其对应 Berkeley Earth(1873—2019 年)、CRUTS4.03(1901—2018 年)和 GHCNV3(1916—2018 年)北京站点气温序列

说(图 4.10b),通过 QM 订正使得 1965—1981 年之间的异常低谷期和 2003 年左右的序列突变也被明显地平滑掉。但订正后的最低气温值比原始值稍大,可能主要由于迁站过程中伴随着明显的海拔高度下降,如 1965 年 1 月 1 日迁站以后北京气象观测站的海拔高度由 52.3 m 下降到 29.4 m,1997 年 4 月 1 日之后由 54.0 m 下降到 31.3 m(表 4.1)。

从图 4.10 还可以看出,均一性订正后的年平均最高气温数据与 CRUTS4.03 和 GHCNV3 基本一致,但稍大于 Berkeley Earth 数据(图 4.10a),而最低气温数据则大于其他三类数据(图 4.10)。订正后最高和最低气温序列的年际变化特点与对应 Berkeley Earth 和 CRUTS4.03 基本一致。从表 4.5 给出的最暖和最冷 5 年统计数据来看,除了 CRUTS4.03 以外

表 4.5 基于订正后的北京气象观测站百年尺度年平均气温序列及其对应 Berkeley Earth、CRUTS4.03 和 GHCNV3 北京站点水平气温序列的最暖和最冷 5 年统计数据

		订正后序列 年份(气温)	Berkeley Earth 年份(气温)	CRUTS4.03 年份(气温)
最高气温	最暖 5 年	1948(19.8 ℃)	2019(18.6 ℃)	2017(19.4 ℃)
		2017(19.6 ℃)	2017(18.3 ℃)	1941(19.1 ℃)
		2019(19.5 ℃)	2014(18.3 ℃)	2014(19.0 ℃)
		2014(19.4 ℃)	2007(18.3 ℃)	2007(19.0 ℃)
		1949(19.4 ℃)	1999(18.0 ℃)	1943(19.0 ℃)
	最冷 5 年	1956(15.8 ℃)	1956(15.2 ℃)	1969(16.3 ℃)
		1911(16.0 ℃)	1911(15.4 ℃)	1956(16.4 ℃)
		1915(16.1 ℃)	1912(15.5 ℃)	1964(16.5 ℃)
		1969(16.1 ℃)	1915(15.5 ℃)	1911(16.6 ℃)
		1912(16.3 ℃)	1969(15.5 ℃)	1976(16.7 ℃)
最低气温	最暖 5 年	2007(9.3 ℃)	2007(7.1 ℃)	2007(8.7 ℃)
		1994(9.2 ℃)	2014(7.0 ℃)	2017(8.5 ℃)
		1946(9.2 ℃)	1998(7.0 ℃)	1998(8.4 ℃)
		2014(9.1 ℃)	2017(6.9 ℃)	2016(8.3 ℃)
		1998(9.1 ℃)	2015(6.9 ℃)	2015(8.3 ℃)
	最冷 5 年	1947(5.5 ℃)	1892(3.5 ℃)	1910(4.8 ℃)
		1936(5.9 ℃)	1936(3.6 ℃)	1936(4.9 ℃)
		1912(6.0 ℃)	1947(3.6 ℃)	1947(4.9 ℃)
		1911(6.1 ℃)	1875(3.8 ℃)	1917(5.0 ℃)
		1841(6.2 ℃)	1910(3.8 ℃)	1911(5.1 ℃)
平均气温	最暖 5 年	2017(14.3 ℃)	2014(12.7 ℃)	2017(14.0 ℃)
		2014(14.3 ℃)	2007(12.7 ℃)	2007(13.9 ℃)
		2007(14.3 ℃)	2017(12.6 ℃)	2014(13.6 ℃)
		1994(14.1 ℃)	2019(12.6 ℃)	2015(13.6 ℃)
		2016(14.0 ℃)	1998(12.5 ℃)	1999(13.6 ℃)
	最冷 5 年	1911(11.0 ℃)	1892(9.6 ℃)	1969(10.8 ℃)
		1912(11.2 ℃)	1947(9.6 ℃)	1910(10.9 ℃)
		1947(11.3 ℃)	1884(9.7 ℃)	1911(10.9 ℃)
		1956(11.3 ℃)	1911(9.8 ℃)	1915(11.0 ℃)
		1915(11.4 ℃)	1915(9.8 ℃)	1917(11.0 ℃)

注:表中的平均气温为基于订正后的最高和最低气温平均得到。

(1956 年为次冷年，仅 0.1 ℃高于最冷年)，订正后的最高气温序列与其他两类数据百年以来的最冷年份均出现在 1956 年，并且订正后的最高气温与 Berkeley Earth 出现的最冷 5 年最为一致(1911 年、1912 年、1915 年、1956 年和 1969 年)。而订正后的最高气温、Berkeley Earth 和 CRUTS4.03 百年以来的最暖年分别出现在 1948 年、2019 年和 2017 年。但是 2017 年均是订正后最高气温和 Berkeley Earth 的次暖年，同时 2014 年、2017 年和 2019 年也均在这两类数据最暖的 5 年中。对于最低气温来说，订正后数据、Berkeley Earth 和 CRUTS4.03 的最暖年均出现在 2007 年，而最冷年份分别出现在 1947 年、1892 年和 1910 年，但 1936 年、1947 年均是订正后最低气温、Berkeley Earth 和 CRUTS4.03 三类数据的前两个最冷年。

同样，基于订正后的最高和最低气温计算得到的平均气温序列，与 Berkeley Earth 和 CRUTS4.03 最暖 5 年也基本一致，分别出现在 2017 年(或 2014 年、2007 年)、2014 年(或 2007 年)、2017 年。其中，2017 年是 Berkeley Earth 次暖年，仅低于最暖年 0.1 ℃；2007 年和 2014 年分别是 CRUTS4.03 的次暖年和第三最暖年，与最暖年的温度差异均很小。三类数据百年以来的最冷年分别出现在 1911 年、1892 年和 1969 年，但是 1911 年和 1915 年均出现在这三类数据的最冷 5 年中，并且这三类数据最冷 5 年之间的温度差异较小。

另外，从年代变化特点来看(图 4.10)，北京气象观测站均一性订正后的最高气温序列有两个主要的增暖时期，分别出现在 20 世纪 20—40 年代和 80 年代以后，整个时段与 Berkeley Earth 最高气温序列的年代变化具有较好的一致性，并且除了 1971—1980 年以外，与 CRUTS4.03 序列变化特点也基本一致。对于最低气温变化来说，订正后序列、Berkeley Earth 和 CRUTS4.03 三类数据的年代变化特点基本一致，自 1911 年以来均表现出增暖变化，其中，20 世纪 40—60 年代和 20 世纪 90 年代至 21 世纪前 10 年(Berkeley Earth 为 2000—2019 年)两个时期呈现出相对较缓的增暖变化。与此同时，这三类数据的平均气温序列年代变化也表现出较好的一致性，在 20 世纪 10—40 年代和 20 世纪 80 年代以后两个时期均表现出明显的增暖变化。

均一性订正后的北京百年气温序列与 Berkeley Earth 和 CRUTS4.03 相似的气候变化特点也主要体现在趋势变化上。如表 4.6 所示，均一性订正后的北京百年最高和最低气温序列的变化趋势分别为(0.099±0.016)℃ · $(10a)^{-1}$和(0.187±0.019)℃ · $(10a)^{-1}$(0.05 显著性水平)，与 Berkeley Earth((0.102±0.011)℃ · $(10a)^{-1}$，(0.159±0.010)℃ · $(10a)^{-1}$)和 CRUTS4.03((0.077±0.016)℃ · $(10a)^{-1}$，(0.225±0.015)℃ · $(10a)^{-1}$)趋势变化基本一致，并且明显比订正前的气温趋势变化更为合理。从而，一定程度上印证了均一化数据能够更好地代表区域或局地气候变化特征(Yan et al.，2020)。另外，基于订正后最高和最低气温计算得到的北京百年平均气温序列，其变化趋势为(0.154±0.018)℃ · $(10a)^{-1}$(0.05 显著性水平)，同样与 Berkeley Earth((0.131±0.010)℃ · $(10a)^{-1}$)和 CRUTS4.03((0.150±0.014)℃ · $(10a)^{-1}$)的平均气温变化趋势基本一致，并且与 Li 等(2020a)基于 CRUTEM4 数据统计得到的中国区域 1900—2017 年平均气温变化趋势((0.130±0.009)℃ · $(10a)^{-1}$)也基本一致。同样，与 Yan 等(2020)基于 Li 等(2018)均一化订正的逐月平均气温序列统计得到的中国区域 1900 年以来年平均气温变化趋势((1.3～1.7)℃ · $(100a)^{-1}$)基本一致。

表 4.6 北京气象观测站均一性订正前后百年以来年平均气温序列及其对应的 Berkeley Earth 和 CRUTS4.03 气温趋势变化(单位:℃ · (10a)$^{-1}$)(0.05 显著性水平)

	订正后	订正前	Berkeley Earth	CRUTS4.03
最高气温	0.099±0.016	0.029±0.017	0.102±0.011	0.077±0.016
最低气温	0.187±0.019	0.254±0.025	0.159±0.010	0.225±0.015
平均气温	0.154±0.018	0.158±0.022	0.131±0.010	0.150±0.014

注:表中订正前后的年平均最高气温、最低气温和平均气温统计时段分别为 1881—2019 年、1911—2019 年、1911—2019 年;Berkeley Earth 和 CRUTS4.03 数据的统计时段分别为 1873—2019 年、1901—2018 年。

4.6 小结

基于国家气象信息中心收集整理的北京气象观测站 1841—1950 年和 1951—2019 年两个时段的逐日气温观测数据,通过数据整合、质量控制、数据插补以及均一化处理,构建了北京 1841—2019 年日最高和最低气温观测序列。

(1)对质量控制后的数据统计得到,1951 年以前年平均最高(1881—1950 年)和最低气温(1911—1950 年)分别有 70%和 47.5%的年份存在缺测数据。因此,利用标准化序列法,以 Berkeley Earth 北京站点水平的日值数据为参考资料源,对北京气象观测站 1950 年 12 月 31 日以前的日最高和最低气温序列进行了插补。进而,通过均一化分析处理剔除了迁站和仪器变更造成的 1841 年以来日最高和最低气温序列的非均一性影响,最大程度地保留了北京地区逐日气温序列中真实的气候变化特征。

(2)从年代变化来看,构建的北京百年尺度最高气温序列与 Berkeley Earth 一致性较高,20 世纪 20—40 年代和 20 世纪 80 年代以后两个时段均为主要的增暖时期。而构建的最低气温序列的年代变化特点与 Berkeley Earth 和 CRUTS4.03 基本相同,1911 年以后均表现出增暖变化。

(3)构建的北京百年尺度最高和最低气温序列的趋势变化与 Berkeley Earth 和 CRUTS4.03 也基本一致,分别为 0.099±0.016 ℃ · (10a)$^{-1}$和 0.187±0.019 ℃ · (10a)$^{-1}$(0.05 显著性水平)。基于订正后最高和最低气温统计得到的百年平均气温变化趋势为 0.154±0.018 ℃ · (10a)$^{-1}$(0.05 显著性水平),与中国区域百年尺度平均气温的趋势变化基本一致。因此,本章构建的北京百年尺度日最高和最低气温序列,在一定程度上是相对合理可靠的,能够为我国区域或局地极端气候变化研究领域提供新的基础数据。

但尽管如此,气象基础观测资料的分析处理工作任重而道远,我们需要做的还有很多。本章主要是在前人研究工作基础上(Yan et al., 2001),对基础观测数据的处理要素及处理方法等有进一步的完善。一方面,通过直接对日最高和最低气温要素进行处理,以此减少因观测时次、观测时制及均值统计方法变更等造成平均气温序列产生的非均一性影响;另一方面,尝试利用 Berkeley Earth、CRUTS4.03 和 GHCNV3 陆表温度数据来建立百年气温序列重新构建的参考系。其中,数据插补过程中,在没有较好且适用的观测序列时,尝试采用 Berkeley Earth1°×1°格点日数据反插到北京站点水平的数据作为北京站 1951 年以前资料缺测和中断的插补源,这其中的插值误差和 Berkeley Earth 数据研制过程中存在的非独立性问题,可能会对重建的气温观测序列质量造成一定影响。所以，如何建立准确可靠的资料插补源仍然是今后百年序列重建工作中需要解决的重点之一。另外，在数据均一化过程中，QM 订正一定程度上减缓了北京气象站百年来逐日最高和最低气温序列的系统误差，但由于 1951 年以前台站历史沿革信息的缺少以及订正过程中主观因素的影响，使得该站逐日气温序列中可能还会存在非均一性（Si et al.，2019），这对区域或局地极端天气气候变化研究也会有一定的影响。但在今后的研究工作中，可以尝试综合多种逐日序列均一化订正方法，如 Li 等（2014）提出的小波分析法，以此进一步提高构建的百年气温序列的可靠性。

第5章 保定地区百年均一化气温日值序列的构建

保定气象站是我国京津冀地区保留着百年以上观测气候资料的典型台站之一(司鹏 等，2017)。司鹏等(2017)基于多来源的气温月值资料，在数据整合和初步质量控制基础上，通过缺测记录插补和非均一性订正建立了保定气象站 1913—2014 年逐月气温序列，研究成果对我国京津冀地区百年尺度气温观测序列的建立提供了重要借鉴。然而，随着近年来我国对长序列原始观测资料的不断收集整理、国内外新的全球陆表长时间尺度观测气温数据集的研制及其构建方法的改进，细化保定气象站百年尺度气温观测资料的时间尺度，并提高现有百年观测资料的质量是有必要尝试的。同时，也能够满足气候变化和极端气候变化研究领域对可靠长时间尺度逐日基础观测数据的需求。

5.1 保定气象观测站历史沿革

据中国近代气象台站信息记载(吴增祥，2007)，保定气象站在 1949 年以前的不同时段有 2 个观测点(依据经纬度信息)。1912—1949 年 12 月期间(观测点 1)分别隶属直隶省农事试验场(1912—1920 年)以及河北省立农学院(1913 年 12 月—1949 年 12 月)，其中，1912—1920 年观测记录不完整且不连续，1937 年 6 月—1946 年 12 月观测中断，仅 1949 年 9—12 月有观测记录。观测点 2 起止于 1944 年 1 月—1948 年 10 月，期间分别隶属于伪华北观象台(1944 年 1 月—1945 年 8 月)和民国中央气象局(1945 年 9 月—1948 年 10 月)，观测记录较完整。

综合上述信息，根据中国气象局出台的气象测报简要(1950 年版)、气象观测暂行规范-地面部分(1954 年版)、《地面气象观测规范》(1964 年版，1979 年版，2003 年版，2020 年版)规定的观测项目和观测时间以及中国地面气象站元数据(V1.0，http://data.cma.cn/)对保定气象站 1912 年 1 月 1 日—2019 年 12 月 31 日的历史沿革信息进行了整理。如表 5.1 所示，保定气象站在 1950 年以前存在 2 个时段的观测记录，分别来自不同的观测位置，结合中国近代气象台站信息(吴增祥，2007)，拟将 2 个时段连接的位置，即 1944 年 1 月 1 日和 1949 年 9 月 1 日作为 2 个迁站时间点。1950 年 1 月 1 日—1954 年 11 月 30 日观测期间，经纬度信息一致，本书中认为该时段没有发生迁站现象。1954 年 12 月 1 日(含该时间点)以后发生了 3 次迁站，其中，2011 年 1 月 1 日由市区迁到乡村，使得台站周围环境发生了明显变化，并且也造成了新旧站址水平距离差异较明显，但 3 次迁站过程并没有造成显著的海拔高度差异。1912 年以来，人工观测时期有明确记录的最高和最低气温观测仪器分别发生了 4 次和 3 次变更，2003 年 1 月 1 日起自动观测取代人工观测，自 2014 年 1 月 1 日全国地面气象观测业务全面实现改革调整，新型自动气象站观测系统进入业务运行。另外，仅依据 1950 年至今的中国地面气象观测规范得到，1950 年 1 月 1 日—2019 年 12 月 31 日保定气象站日最高和最低气温观测时间发生了 4 次改变，其中，1954 年 1 月 1 日—1960 年 7 月 31 日观测时制的改变可能会增加气温观测序列非均一的可能性。图 5.1 标出了保定气象站历次迁站及日最高和最低气温观测仪器变更的时间点。

表 5.1　保定气象站 1912 年 1 月 1 日—2019 年 12 月 31 日历史沿革信息

观测时段	纬度	经度	海拔高度/m	站址（探测环境）	迁站信息	仪器变更	观测时间
1912 年—1949 年 12 月	38°53′N	115°28′E	不详	不详	—	—	不详
1944 年 1 月 1 日—1948 年 10 月 31 日	38°52′N	115°29′E	19.3	保定市环城西北薛家庄（郊外）	—	—	不详
1950 年 1 月 1 日—1953 年 12 月 31 日	38°53′N	115°28′E	19.3	不详	不详	不详	最高气温 1951 年 1 月 1 日 18:00 最低气温 1951 年 1 月 1 日 09:00
1954 年 1 月 1 日—1954 年 11 月 30 日	38°53′N	115°28′E	20.0	不详	不详	不详	不详
1954 年 12 月 1 日—1957 年 12 月 31 日	38°53′N	115°34′E	21.9	保定市新华村西头（郊外）	不详	—	不详
1958 年 1 月 1 日—1980 年 12 月 31 日	38°50′N	115°34′E	17.2	保定市红星路东口杨庄乡（郊外）	距 1954 年站址东南部 2.5 km	最高气温 1960 年 8 月 30 日 1965 年 1 月 1 日 最低气温 1960 年 8 月 30 日 1965 年 1979 年 7 月 31 日	最高气温 1960 年 8 月 1 日 20:00 最低气温 1960 年 8 月 1 日 20:00
1981 年 1 月 1 日—2002 年 12 月 31 日	38°51′N	115°31′E	17.2	保定市红星路东口杨庄乡（市区）	—	最高气温 1990 年 11 月 1 日 2002 年 3 月 29 日 最低气温 —	—
2003 年 1 月 1 日—2007 年 12 月 31 日	38°51′N	115°31′E	17.2	同上	—	自动观测	定时分钟数据挑取
2008 年 1 月 1 日—2010 年 12 月 31 日	38°51′N	115°31′E	17.2	保定市裕华东路杨庄乡（市区）	—	—	—
2011 年 1 月 1 日—2013 年 12 月 31 日	38°44′N	115°29′E	16.8	保定市清苑县京石高速出口南约两公里（乡村）	距 1958 年站址南西南部 12.9 km	—	—
2014 年 1 月 1 日至今	38°44′N	115°29′E	16.8	同上	—	新型自动观测设备	定时分钟数据挑取

注：表中“—”表示没有变动；“不详”表示因现存气象档案资料不完整或记录信息多样性而无法确定准确信息；“观测时制”除 1954 年 1 月 1 日—1960 年 7 月 31 日为当地地方平均太阳时以外，其他均为北京时。

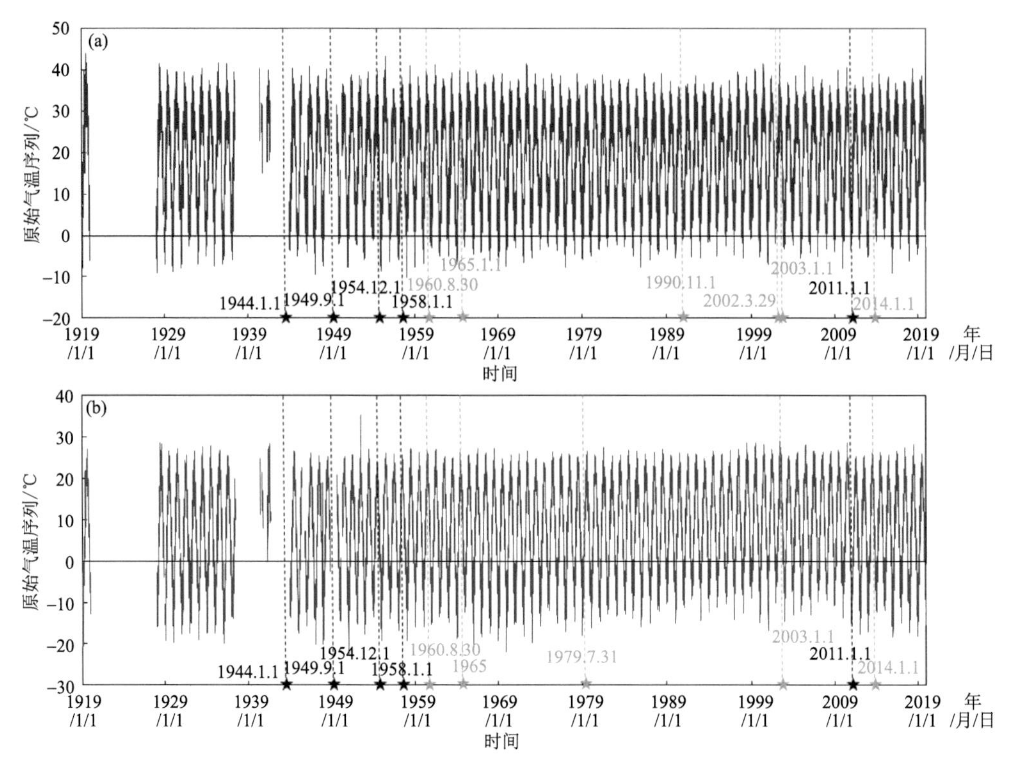

图 5.1 保定气象站 1919 年 1 月 1 日—2019 年 12 月 31 日原始观测的逐日最高(a)和最低(b)气温序列(黑色和蓝色星号的垂直虚线分别表示迁站和观测仪器变更的记录时间)

5.2 数据来源

5.2.1 原始基础数据及其质量控制

本书中用到的原始观测数据来自中国气象局国家气象信息中心收集整理的 2 类逐日最高和最低气温基础资料。一类是 1919 年 1 月 1 日—1954 年 12 月 31 日保定气象站数字化的观测资料,其中,1919 年 1 月 1 日—1949 年 12 月 31 日时段的资料来自中国近代气象台站信息记载的保定气象站 2 个观测点(吴增祥, 2007);1950 年 1 月 1 日—1954 年 11 月 30 日观测期间,由于现存气象档案资料记录不完整,仅根据整理的数字化资料查阅到相关观测点的经纬度及海拔高度信息,并且与观测点 1 一致(表 5.1),拟将该时段资料视为来自观测点 1。表 5.2 给出了各个观测点观测的气温资料的完整性信息。如表 5.2 所示,观测点 1 在 1919 年 1 月 1 日—1949 年 12 月 31 日观测期间日最高和最低气温资料的缺测率基本相当,均达到 57%以上,并且缺测年份均主要集中在 1920—1927 年、1937 年下半年、1938—1943 年以及 1949 年上半年;而观测点 2 观测期间日最高和最低气温资料的缺测率仅有 7%左右,主要集中在 1945 年下半年。另外,根据表 5.1 显示,1954 年 12 月 1 日—1954 年 12 月 31 日期间的观测资料来自新迁站点(拟称为“观测点 3”),统计得到其完整性为 100%。另一类是中国气象局发布的《中国地面日值资料》,时间段为 1955 年 1 月 1 日—2019 年 12 月 31 日,资料完整性较好(日最高和最低气温资料的缺测率均仅为 0.2%)。这里将 2 类观测资料拼接为一条完整的基础序列,形成保定气象站 1919 年 1 月 1 日—2019 年 12 月 31 日逐日最高和最低气温原始观测序列。

表 5.2　保定气象站 1919 年 1 月 1 日—1954 年 12 月 31 日原始观测数据完整性信息

观测点	观测时段	缺测率/%		主要缺测时段
		最高气温	最低气温	最高、最低气温
1	1919 年 1 月 1 日—1949 年 12 月 31 日 1950 年 1 月 1 日—1954 年 11 月 30 日	57.1 3.7	57.3 3.6	1920 年 1 月 1 日—1927 年 12 月 31 日、1928 年 12 月 1 日—1928 年 12 月 31 日、1937 年 6 月 1 日—1937 年 12 月 31 日、1938 年 1 月 1 日—1943 年 12 月 31 日、1948 年 11 月 1 日—1948 年 12 月 31 日、1949 年 1 月 1 日—1949 年 8 月 31 日;1950 年 3 月 1 日—1950 年 4 月 30 日
2	1944 年 1 月 1 日—1948 年 10 月 31 日	7.1	7.0	1945 年 7 月 1 日—1945 年 10 月 31 日
3	1954 年 12 月 1 日—1954 年 12 月 31 日	0	0	——

为剔除人工观测期间,因观测员观测或记录、仪器故障以及数字化过程中人工录入等导致的错误数据,类似对北京和天津气象站百年观测序列的处理(Si et al.,2021;司鹏 等,2022),分别采用界限值、内部一致性和气候异常值 3 步检查对拼接后保定气象站 1919 年以来的日最高和最低气温观测数据及其统计得到的月值和年值数据进行质量控制。其中,对月值和年值的质量检查均是基于界限值和内部一致性检查处理后的日最高和最低气温数据。气候异常值检查的阈值标准均为 5 倍最高或最低气温距平序列的标准差(气候标准值为 1961—1990 年)。检查结果如表 5.3 所示,总的来看,保定气象站 1919 年以来原始观测数据的质量相对较好。

表 5.3　保定气象站 1919 年 1 月 1 日—2019 年 12 月 31 日最高和最低气温观测数据质量控制结果

	界限值检查	内部一致性检查	气候异常值检查
最高气温	——	1946 年 8 月 8 日(置缺)	2002 年 2 月 21 日(置缺)
最低气温	——	1928 年 8 月 19 日(置缺) 1947 年 12 月 20 日(−19.2 ℃)	1952 年 7 月 19 日(置缺)

注:括号中均为处理后的结果,其中,置缺均表示将原始值进行缺测处理。

5.2.2　参考资料源

我国 1950 年以前的站点数量稀少,逐日观测资料和元数据信息普遍严重缺失,给长年代气候资料的插补和均一化分析带来很大困难。所以,如何找到质量较好并且尽可能长时间的参考数据源是建立完整可靠百年尺度观测序列首先需要解决的关键问题。目前国际上最具代表性的长年代观测气候数据集主要有美国国家气候资料中心研发的全球历史气候数据集(GHCN)(Peterson et al.,1998;Lawrimore et al.,2011;Menne et al.,2018),英国东英格利亚大学气候研究中心研发的全球月平均地表气候数据集(CRU)(Jones et al.,2012;Harris et al.,2020),美国伯克利地球研发中心研发的地球表面温度数据集(Berkeley Earth Data Set,

Rohde et al.，2013a,2013b)，以及美国国家宇航局哥达德航天研究所研发的全球地表温度数据集(GISTEMP，Hansen et al.，2010)等。这些数据集主要是通过统计方法将来源于全球各个国家正式或非正式交换的不同数据源(包括全球站点观测资料、观象台年报、月报或日报、天气报告、气候数据等)整合为一套完整的全球陆面格点或站点基础观测数据，并且均经过严格的质量控制和不同程度的均一化处理。其中，GHCNV3(Lawrimore et al.，2011；https://www.ncdc.noaa.gov/ghcnd-data-access)、CRUTS4.03(Harris et al.，2020；http://data.ceda.ac.uk/badc/cru/data/cru_ts/cru_ts_4.03/data/)和 Berkeley Earth monthly/daily (Rohde et al.，2013a，b；http://berkeleyearth.org/data/)3 类数据集在北京和天津百年均一化气温日值序列构建研究中得到了较理想的应用效果(Si et al.，2021；司鹏 等，2022)。同时，从表 5.4 给出的具体信息来看，目前国内外具有百年尺度的气温观测数据集中，仅有 Berkeley Earth 包含了全球范围内时间相对较长、完整且可靠的日气温数据。因此，类似 Si 等(2021)和司鹏等(2022)采用表 5.4 列出的这 3 类陆表温度观测数据作为保定气象站原始观测数据延长插补和均一化分析的气候参考源。

表 5.4　参考数据源信息

参考数据源	时间分辨率	格点或站点	对应保定气象站站点水平的时间段	是否质量控制	是否均一性订正
CRUTS4.03	月	0.5°×0.5°格点	1901 年 1 月—2018 年 12 月	√	√
Berkeley Earth-monthly	月	1°×1°格点	1872 年 12 月—2019 年 12 月	√	×
Berkeley Earth-daily	日	1°×1°格点	最高气温 1880 年 6 月 1 日—2018 年 12 月 31 日 最低气温 1911 年 1 月 1 日—2018 年 12 月 31 日	√	×
GHCNV3	月	站点	最高气温 1913 年 12 月—1989 年 3 月 最低气温 1913 年 12 月—1990 年 12 月	√	√

5.3　数据插补

根据中国近代气象台站信息记载，保定气象站的观测起始于 1912 年(吴增祥，2007)，并且 1950 年以前的原始观测记录存在大量缺测(表 5.2)，所以，为尽可能恢复完整的保定气象站原始观测基础序列，这里拟采用合理的参考数据源对其进行延长插补。在天津百年最高和最低气温日值序列的构建中，原始基础观测资料的完整性为 100%，没有缺测插补带来的误差影响，与此同时，在建立北京百年逐日气温序列研究中，采用的 Berkeley Earth-daily 插补数据源效果较好，最终构建的百年序列均为极端气候变化研究领域提供了更为可靠的新的基础数据源(Si et al.，2021；司鹏 等，2022)。因此，这里基于构建的天津百年均一化气温日值数据及插值到站点水平的 Berkeley Earth-daily 保定气象站(38°44′N，115°29′E)日最高和最低气温数据，利用标准化序列法(具体处理步骤参照司鹏等(2017))分别对质量控制后的保定气象站原始观测资料进行插补，通过比较 2 类插补序列的年代际等气候变化特点，选取相对合理的保定气象站 1912 年以来日最高和最低气温插补序列。拟合时段的选取主要依据 1950 年以前保定气象站原始观测序列相对完整、连续的(表 5.2 显示没有缺测数据)并且相对均一的(表

5.1给出没有发生迁站、仪器变更和观测时间变化等)原则(Si et al.,2021;司鹏 等,2022),最终选取时段1929年1月1日—1936年12月31日。图5.2给出基于2类参考数据源的保定气象站日最高和最低气温插补序列统计得到的年平均序列。

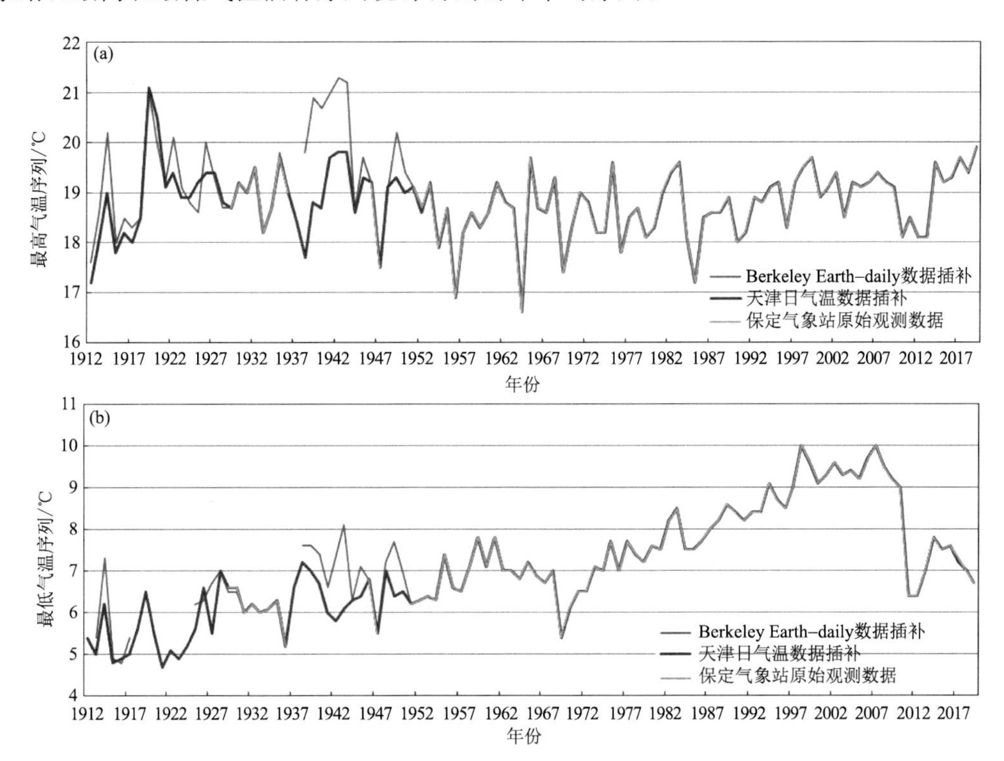

图5.2 保定气象站1912年1月1日—2019年12月31日最高(a)和最低(b)气温年平均插补序列

从图5.2可以看出,1950年以前,相对于Berkeley Earth-daily插补序列,利用天津百年均一化逐日气温数据插补的保定气象站日最高和最低气温统计得到的年平均序列的年代际变化更为合理,并且从插补序列的完整性来看,基于天津日气温数据的插补序列更为完整。同时,为保证插补后基础数据的质量,对2类插补序列1912—1950年时段数据的内部一致性进行了检验,对出现日最低气温大于或等于最高气温的数据均进行了置缺,统计得到天津日气温插补数据和Berkeley Earth-daily插补数据的置缺率分别占对应总数据量的0.2%和0.3%。因此,综合来看,最终选取基于天津日气温数据插补得到的保定气象站日最高和最低气温序列。

但单从基于天津日气温数据得到的保定气象站年平均最高气温插补序列来看(图5.2a),1912—1928年,除1919年为保定气象站原始观测数据以外,其他时段均为插补数据。通过统计1919年最高气温达21.1 ℃,显著大于插补前后两个时段(1912—1918年、1920—1928年)的逐年最高气温值,并且从1950年以前的年平均曲线变化来看,1919年存在明显的年际变化异常。而在台站元数据信息中(表5.1),1919年1月1日—12月31日观测期间并没有出现明显的迁站、仪器变更或观测时间改变等非气候因素影响的记录。另外,在质量控制过程中,正是因为没有前后时段数据的对比,很难判断这一时段数据的可靠性。所以,为尽可能保证基础序列气候变化的合理性,这里拟利用天津日气温插补数据替换1919年1月1日—12月31日最高气温原始观测数据,作为最终的保定气象站1912年1月1日—2019年12月31日最高气温插补序列。

5.4 数据均一化

均一化是解决气候观测资料非均一性的重要技术手段，通过剔除观测数据中因迁站、仪器变更、观测时间改变等造成的系统误差，来保留真实的气候变化特征（Quayle et al.，1991；Della-Marta et al.，2006；Haimberger et al.，2012；Rahimzadeh et al.，2014；Hewaarachchi et al.，2017）。

5.4.1 参考序列的建立

参考序列是均一化处理过程中序列断点检验和订正的重要依据（Si et al.，2018，2019；司鹏 等，2020）。相对年和月尺度观测资料，日尺度观测序列自身的变率较大，造成时间序列均一性检验存在一定的困难（Vincent et al.，2012；Trewin，2013）。本书中类似北京百年日气温序列构建中的处理方法（司鹏 等，2022），通过两种途径分别建立了年和月尺度参考序列同时用于保定气象站日气温序列断点的检验，一是基于 Berkeley Earth-monthly、CRUTS4.03 和 GHCNV3 保定气象站站点水平（38°44′N，115°29′E）3 类月值数据（表 5.4）；二是仅基于 Berkeley Earth-monthly 站点水平的月值数据（表 5.4）。日尺度参考序列的建立则用于日气温序列断点的订正，仅基于 Berkeley Earth-daily 站点水平的日值数据（表 5.4）。3 种时间尺度参考序列的具体建立方法参见司鹏等（2022）。其中，仅基于 Berkeley Earth-monthly/daily 站点水平的 11 个站点信息如表 5.5 所示，其选取方法参照 Si 等（2021）。图 5.3 给出两种途径建立的保定气象站日最高和最低气温的年和月尺度参考序列。

表 5.5 仅基于 Berkeley Earth 站点水平的 11 个站点信息

站名	站号	纬度	经度	海拔高度/m	探测环境
河北顺平气象站	53596	38°51′N	115°08′E	52.2	乡村
河北唐县气象站	53692	38°44′N	114°59′E	66.5	乡村
河北卢龙气象站	54438	39°53′N	118°53′E	65.0	县城
河北迁安气象站	54439	40°01′N	118°43′E	50.9	乡村
河北滦县气象站	54531	39°44′N	118°43′E	43.0	乡村
河北徐水气象站	54601	38°59′N	115°39′E	13.1	乡村
河北保定气象站	54602	38°44′N	115°29′E	16.8	乡村
河北高阳气象站	54603	38°43′N	115°46′E	10.0	集镇
河北望都气象站	54607	38°43′N	115°07′E	45.0	乡村
河北满城气象站	54611	38°56′N	115°19′E	44.8	乡村
河北蠡县气象站	54620	38°29′N	115°34′E	18.5	集镇

注：表中站点信息依据《中国地面气象站元数据 V1.0》整理。

5.4.2 断点检验和订正

利用惩罚最大 T 检验（PMT）（Wang et al.，2007），基于两种途径建立的年和月尺度参考序列，在 0.05 显著性水平下，对保定气象站 1912 年以来插补后的日最高和最低气温基础观测

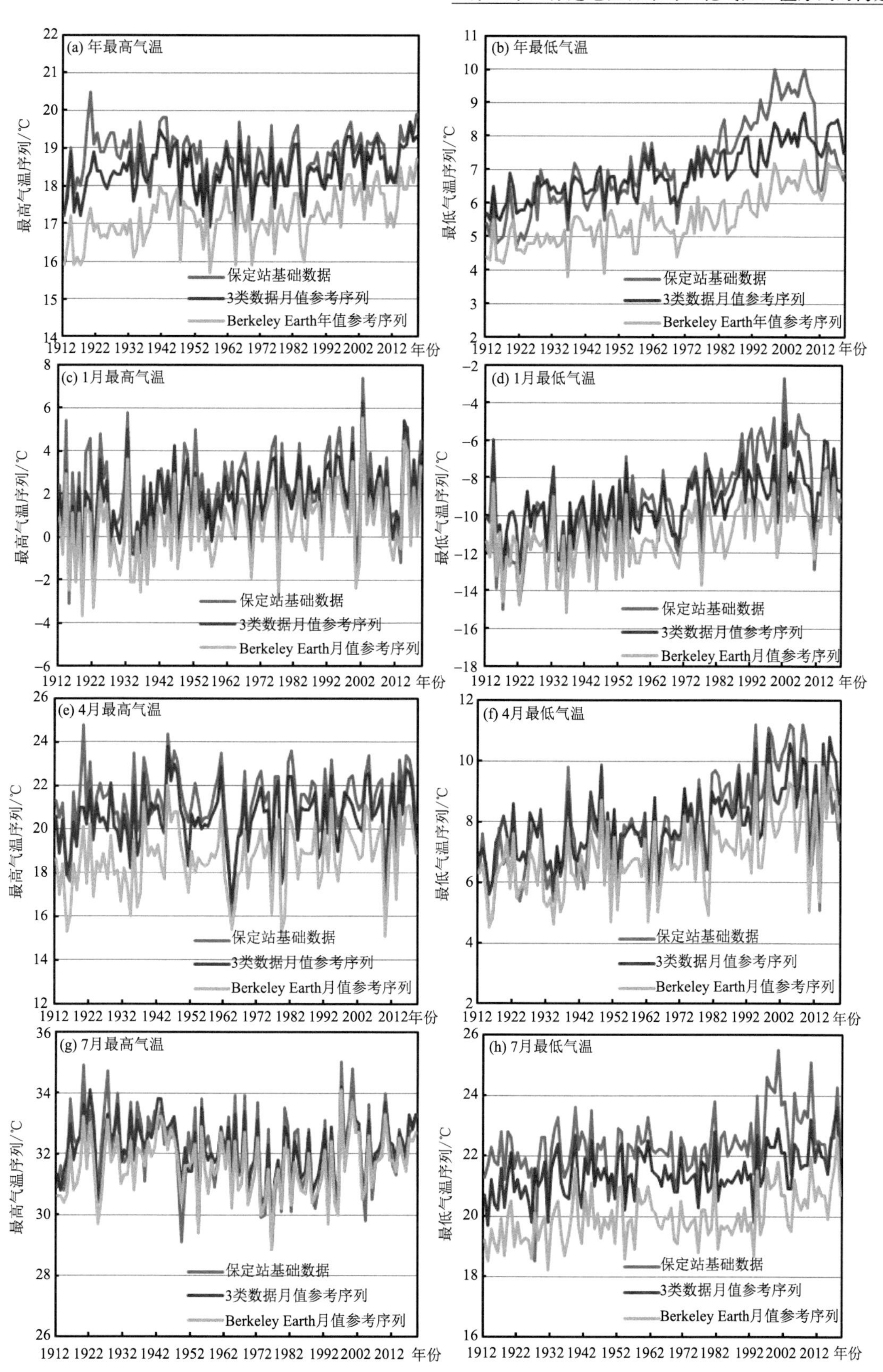
(a) 年最高气温
最高气温序列/℃
保定站基础数据
3类数据月值参考序列
Berkeley Earth年值参考序列
(b) 年最低气温
最低气温序列/℃
保定站基础数据
3类数据月值参考序列
Berkeley Earth年值参考序列
(c) 1月最高气温
最高气温序列/℃
保定站基础数据
3类数据月值参考序列
Berkeley Earth月值参考序列
(d) 1月最低气温
最低气温序列/℃
保定站基础数据
3类数据月值参考序列
Berkeley Earth月值参考序列
(e) 4月最高气温
最高气温序列/℃
保定站基础数据
3类数据月值参考序列
Berkeley Earth月值参考序列
(f) 4月最低气温
最低气温序列/℃
保定站基础数据
3类数据月值参考序列
Berkeley Earth月值参考序列
(g) 7月最高气温
最高气温序列/℃
保定站基础数据
3类数据月值参考序列
Berkeley Earth月值参考序列
(h) 7月最低气温
最低气温序列/℃
保定站基础数据
3类数据月值参考序列
Berkeley Earth月值参考序列
1912 1922 1932 1942 1952 1962 1972 1982 1992 2002 2012 年份

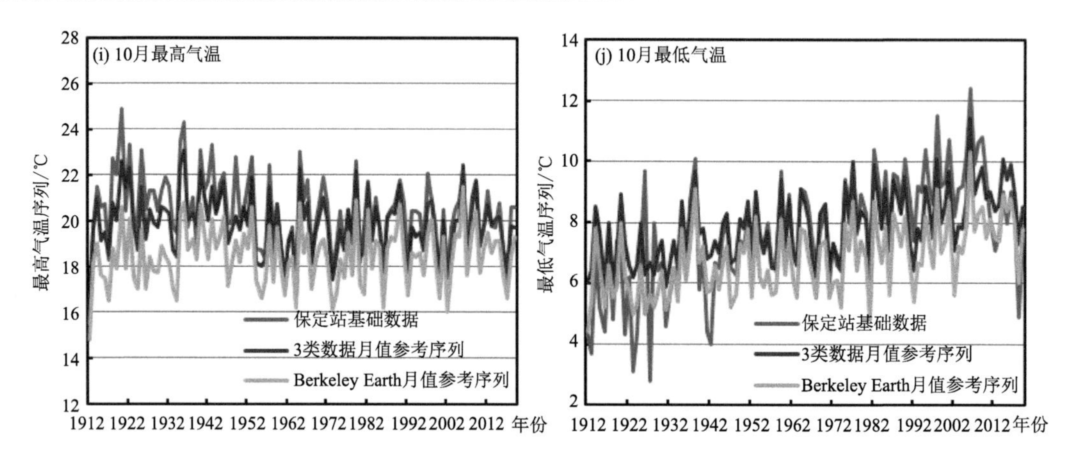

图 5.3　两种途径建立的保定气象站年和月尺度最高(a,c,e,g,i)和最低(b,d,f,h,j)气温基础观测数据的参考序列

序列进行均一性检验。进而利用分位数匹配法(QM)(0.05 显著性水平)(Wang et al.，2010；Bai et al.，2020；Lv et al.，2020)，在日尺度参考序列下，结合保定气象站历史沿革信息(表 5.1)，对两种途径的年和月尺度参考序列同时检验得到相同时间点的统计显著断点进行订正。检验和订正结果如图 5.4 所示。

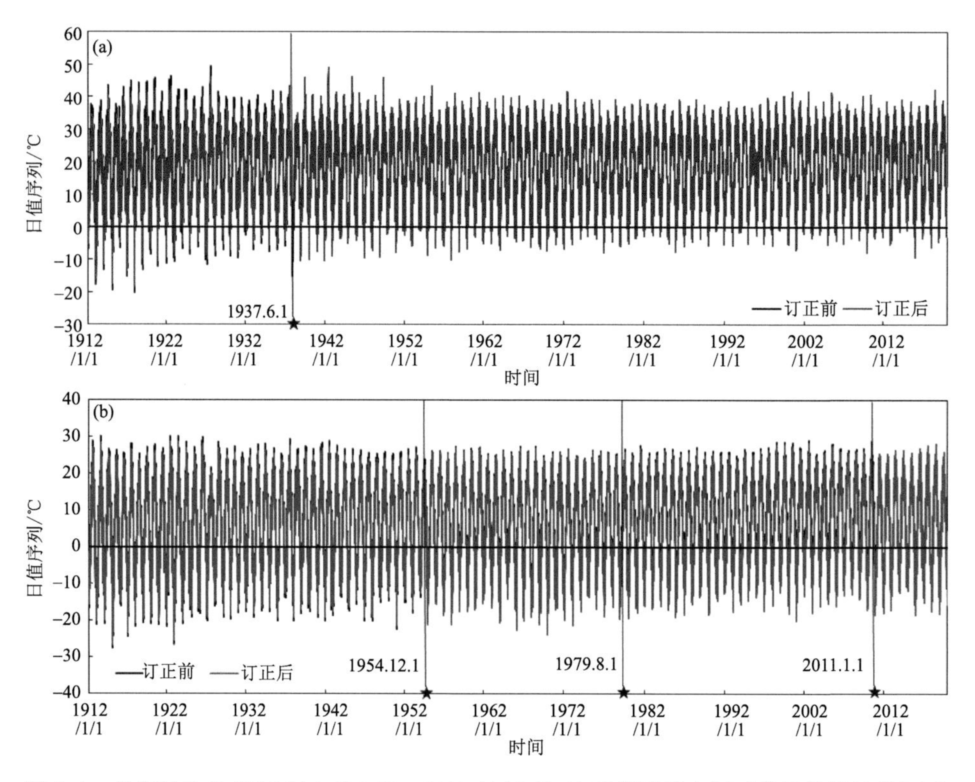

图 5.4　保定气象站 1912 年 1 月 1 日—2019 年 12 月 31 日序列断点订正前后的日最高(a)和最低(b)气温序列(垂直线标注出订正断点的时间点分别是 1937 年 6 月 1 日、1954 年 12 月 1 日、1979 年 8 月 1 日和 2011 年 1 月 1 日)

从图 5.4 可以看出，最高气温序列(图 5.4a)受非气候因素影响相对较弱，仅 1937 年 6 月 1 日数据插补的衔接点出现统计显著断点。而对于最低气温来说(图 5.4b)，1954 年 12 月 1 日、2011 年 1 月 1 日的 2 次迁站以及 1979 年 8 月 1 日的仪器变更均造成了日最低气温序列产生统计显著断点。但 2003 年和 2014 年的 2 次自动站业务化(仪器变更)并没有造成保定气象站日最高和最低气温观测序列的非均一性影响。并且表 5.1 中有明确记录的 4 次观测时间改变也没有导致其产生统计显著断点，包括 1954 年 1 月 1 日—1960 年 7 月 31 日期间观测时制的改变。这一特点与北京、天津百年日气温序列的均一性检验结果基本一致(Si et al.，2021；司鹏 等，2022)，可以反映出在我国现有的地面气象观测规范规定下，观测时间或观测时制的改变在一定程度上不会造成日最高和最低气温观测序列的非均一性影响。所以，采用对日最高和最低气温观测序列进行均一性检验和订正，进而通过算术平均得到均一化的日平均气温观测序列的处理方法，要明显优于直接对日平均气温序列进行均一化处理，能够有效避免观测时间或观测时制的变更导致日平均气温统计方法的改变而造成时间序列的非均一性影响(刘小宁 等，2005)，并且很大程度上也会避免同时对平均、最高和最低气温进行均一性订正而出现逻辑错误结果的可能性。因此，相比司鹏等(2017)，本书中的处理方法有明显的改进。另外，从检验的断点信息来看，由于在均一性检验过程中，司鹏等(2017)没有找到相对可靠且时间尺度较长的参考序列，所以采用了惩罚最大 F 检验(PMF)无参考序列检验法(Wang，2008)，仅检验出最低气温序列中 1979 年 8 月和 2011 年 1 月两个统计显著断点，而并没有检验出 1954 年 12 月 1 日迁站造成的最低气温序列非均一性影响，以及 1937 年 6 月 1 日最高气温序列插补导致的统计显著断点。从而，一定程度上也能够反映出均一性检验过程中，相对合理可靠的参考序列的重要性。

图 5.5 给出保定气象站日最高和最低气温序列 QM 订正量的概率密度分布。如图所示，日最高(图 5.5a)和最低(图 5.5b)气温序列均以负偏差订正为主，其平均值分别为 −0.903 ℃、−1.048 ℃，对应的中值分别为 −0.907 ℃、−0.871 ℃，订正幅度范围分别是 −3.328～1.821 ℃、−3.274～1.026 ℃。其中，概率密度达到 0.2 以上的分别约集中在

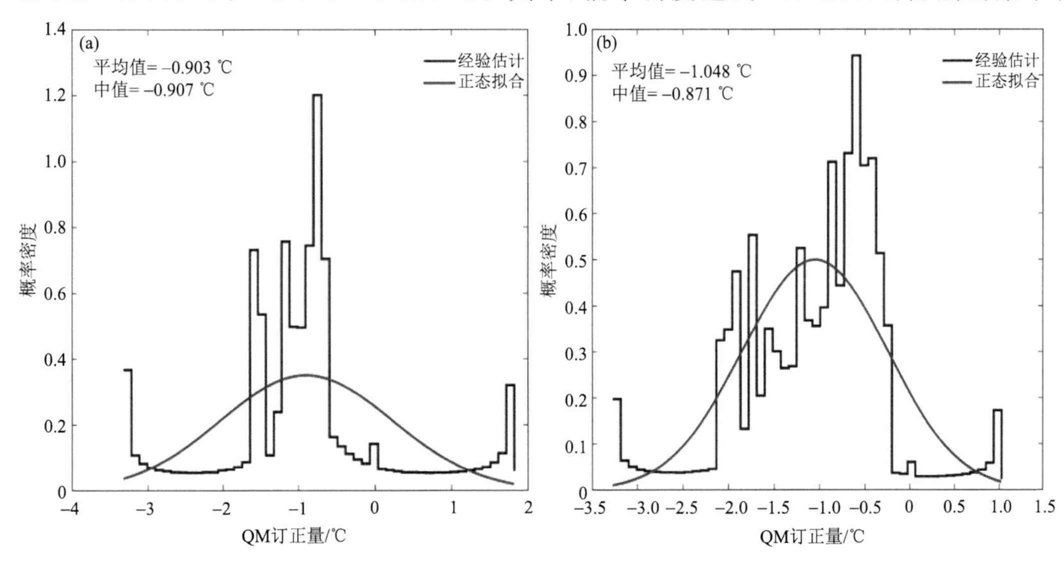

图 5.5　保定气象站日最高(a)和最低(b)气温序列 QM 订正量的概率密度分布

−2.248～0.449 ℃、−2.249～0.149 ℃。结合表 5.6 给出的 QM 月统计量来看，最高气温序列冷季月份（12 月、1 月和 2 月）的订正量基本表现为幅度较小的正偏差订正，而暖季月份（5—9 月）则表现为幅度较大的负偏差订正。最低气温序列逐月平均 QM 订正量均为负值并且订正幅度没有明显差异。

表 5.6　保定气象站日最高和最低气温（单位:℃）月平均 QM 订正量

	1月	2月	3月	4月	5月	6月	7月	8月	9月	10月	11月	12月
最高气温	0.764	−0.001	−0.869	−0.961	−1.339	−2.113	−2.138	−1.699	−1.172	−0.896	−0.791	0.331
最低气温	−1.163	−1.186	−1.116	−1.045	−0.995	−0.875	−0.904	−0.904	−0.970	−1.057	−1.142	−1.220

这里给出了基于均一性订正前、后以及司鹏等（2017）均一性订正后保定气象站百年尺度的年平均最高和最低气温序列。如图 5.6 所示，与订正前序列相比，本书在有参考序列的订正下明显修正了 1937 年 6 月 1 日之前因插补导致的最高气温异常偏高的现象（图 5.6a），以及 2 次迁站和 1 次仪器变更造成的最低气温序列异常突变（图 5.6b），特别是明显减弱了 2011 年 1 月 1 日由市区迁到乡村导致的最低气温异常降低，使得保定气象站 1912 年以来的最高和最低气温序列的年代际变化相对合理。对比司鹏等（2017）订正后的年平均气温序列，二者最高气温（图 5.6a）序列的年代际变化特点基本一致，但司鹏等（2017）的气温值明显大于本书订正后的气温值，这很大一部分原因可能是由于 1937 年 6 月的非均一性断点造成的。而二者的最低气温（图 5.6b）序列，在 20 世纪第 2 个 10 年到 20 年代末、40 年代到 50 年代初有明显的年代际变化差异，同样，1954 年 12 月的序列断点可能也是造成这些差异的主要因素。另外，建立原始观测序列的基础数据源和插补数据源的不同也是造成二者订正后气温序列年代际和数值大小差异的原因之一。因此，一定程度上说明本书基于日尺度原始观测序列，采用新的参考序列建立方法构建的保定气象站百年气温序列的合理性和可靠性有一定的改善和提高。同时，也进一步印证了气象基础观测数据的处理不是一成不变的，只有不断改进和采用新技术、新方法和新的观测资料才能提高构建的百年基础数据质量（司鹏 等，2020）。

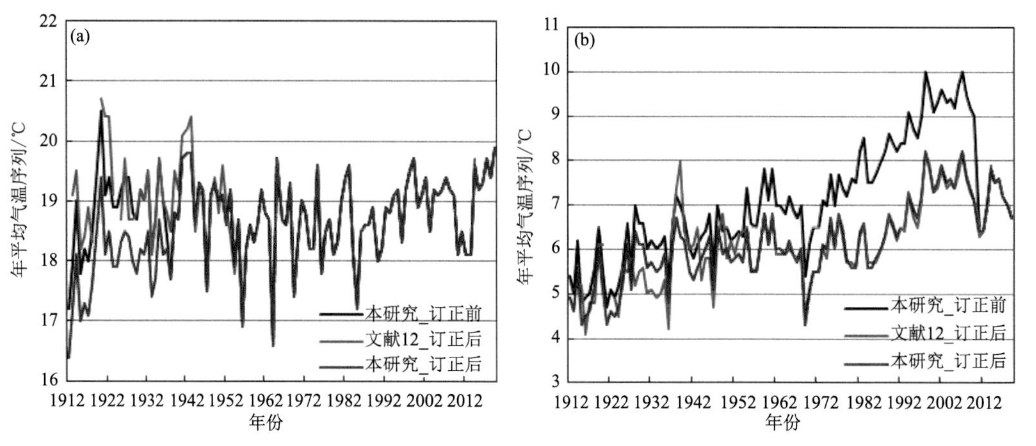

图 5.6　基于均一性订正前、后日气温序列以及司鹏等（2017）均一性订正后月气温序列分别统计得到的保定气象站 1912—2019 年和 1913—2014 年平均最高（a）、最低（b）气温序列

5.5 保定地区百年尺度的气候变化特征

5.5.1 平均气温变化

图5.7给出基于保定气象站均一性订正后日最高和最低气温统计得到的年平均距平序列，以及3类参考数据源(表5.4)保定站点水平的年平均气温距平序列。如图5.7所示，订正后最高和最低气温距平序列的年代际变化与3类参考数据源序列基本一致。对于最高气温来说(图5.7a)，20世纪第二个10年到30年代、80年代末以后出现两个明显的增暖时期，相比之下，20世纪50年代到60年代为明显的降温时期。而最低气温(图5.7b)除在20世纪60年

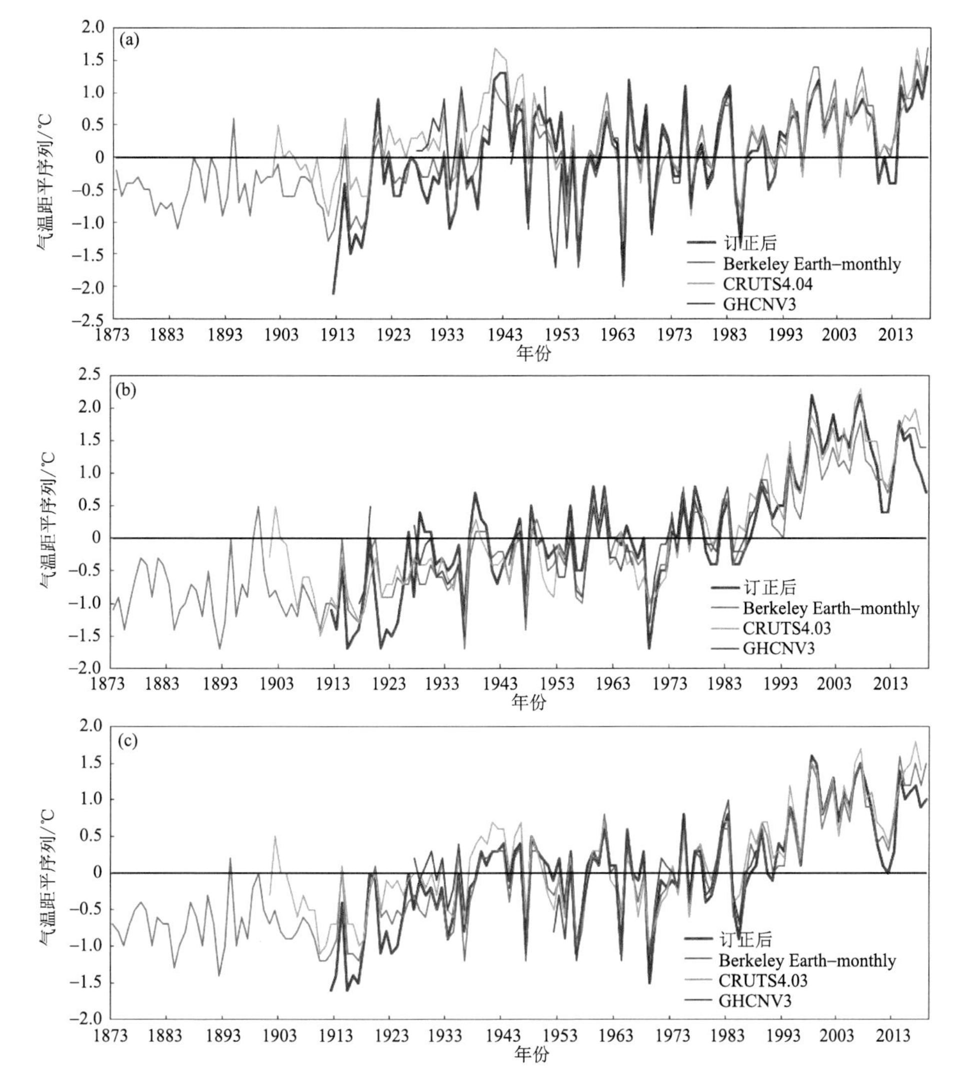

图5.7 保定气象站1912—2019年均一性订正后的年平均最高(a)、最低(b)和平均(c)气温距平序列及其对应Berkeley Earth-monthly(1873—2019年)、CRUTS4.03(1901—2018年)和GHCNV3(1914—1990年)保定站点气温距平序列

代有一个明显的降温时期以外，其他时期均为增暖变化，特别是 20 世纪 80 年代末以后。图 5.7 中的平均气温序列均为各类最高和最低气温算术平均统计得到。同样，订正后的年平均气温距平序列（图 5.7c）与 3 类参考数据源序列的年代际变化基本一致，其中，增暖时期主要出现在 20 世纪第二个 10 年到 30 年代和 80 年代末以后，20 世纪 50 年代到 60 年代为明显的降温时期。

从趋势变化来看，如表 5.7 所示，均一性订正后的保定气象站百年尺度年平均最高、最低和平均气温趋势增暖幅度分别为（0.109±0.021）℃・$(10a)^{-1}$、（0.224±0.018）℃・$(10a)^{-1}$ 和（0.166±0.016）℃・$(10a)^{-1}$（0.05 显著性检验），与对应 Berkeley Earth-monthly 和 CRUTS4.03 趋势变化幅度基本一致，并且相比订正前的气温趋势变化（（0.017±0.021）℃・$(10a)^{-1}$、（0.324±0.025）℃・$(10a)^{-1}$ 和（0.172±0.018）℃・$(10a)^{-1}$）更具合理性。同时，从整个京津冀区域来看，保定地区与北京（司鹏 等，2022）、天津（Si et al.，2021）百年尺度气温增暖变化特点也是基本一致的，但增暖幅度要稍大于后者，其较好地反映出相对北京和天津这类发展到一定程度的大城市，保定地区城市快速发展所带来的气候变化特点（司鹏 等，2021）。另外，这里也统计出订正后的保定气象站 1985—2019 年平均最高、平均最低和平均气温的趋势变化分别为（0.259±0.090）℃・$(10a)^{-1}$、（0.320±0.099）℃・$(10a)^{-1}$ 和（0.299±0.085）℃・$(10a)^{-1}$（0.05 显著性检验），增暖幅度显著大于整个百年尺度。

表 5.7 保定气象站均一性订正前、后百年尺度年平均气温序列及其对应的 Berkeley Earth-monthly 和 CRUTS4.03 站点数据以及北京（司鹏 等，2022）和天津（Si et al.，2021）百年尺度年平均气温序列趋势变化（单位：℃・$(10a)^{-1}$）（0.05 显著性水平）

	订正后	订正前	Berkeley Earth-monthly	CRUTS4.03	北京	天津
最高气温	0.109±0.021	0.017±0.021	0.098±0.010	0.047±0.016	0.099±0.016	0.119±0.015
最低气温	0.224±0.018	0.324±0.025	0.158±0.010	0.213±0.015	0.187±0.019	0.194±0.013
平均气温	0.166±0.016	0.172±0.018	0.128±0.009	0.131±0.013	0.154±0.018	0.154±0.013

注：表中平均气温均为各类最高和最低气温算术平均统计得到；订正前、后的年平均最高、最低和平均气温序列统计时段均为 1912—2019 年；Berkeley Earth-monthly 和 CRUTS4.03 气温序列统计时段分别为 1873—2019 年、1901—2018 年；北京年平均最高、最低和平均气温序列统计时段分别为 1881—2019 年、1911—2019 年、1911—2019 年（司鹏 等，2022）；天津年平均最高、最低和平均气温序列统计时段分别为 1887—2019 年、1891—2019 年、1891—2019 年（Si et al.，2021）。

5.5.2 极端温度变化

表 5.8 给出保定地区 1912 年以来 7 类年和季节极端温度指数的变化趋势，7 类极端温度指数均源自世界气象组织指数专家组（ETCCDMI）推荐使用的温度指标（Peterson et al.，2001）（表 5.9），选取 1961—1990 年作为代表超过气候阈值的极端指数标准值。如表 5.8 所示，对于年变化来说，1912 年以来保定地区的 TNn 表现出显著的增加趋势，为 0.340 ℃・$(10a)^{-1}$（0.05 显著性检验），但 TXx 的趋势变化并不显著。极端冷事件（TN10p、TX10p）均表现为显著的减少趋势，而极端暖事件（TN90p、TX90p）则表现出显著的增加趋势，并且从变化幅度来看，日极端事件（TX10p、TX90p）的趋势变化幅度远远小于夜极端事件（TN10p、TN90p），从而导致气温日较差趋势幅度的显著减少，为 −0.118 ℃・$(10a)^{-1}$（0.05 显著性检验）。从季节变化来看，与年尺度特点基本一致，各季节 TNn 均表现出显著的增加趋势，特别

是秋季TNn趋势增加幅度相对最大，为0.404 ℃·$(10a)^{-1}$（0.05显著性检验），而TXx除了春季趋势呈显著增加以外，其他季节的趋势变化并不显著。各季节的极端冷事件（TN10p、TX10p）基本表现为显著的减少趋势（除冬季TX10p趋势变化不显著以外），而极端暖事件（TN90p、TX90p）基本表现为显著的增加趋势（除夏季和秋季TX90p趋势变化不显著以外）。

表5.8　保定地区1912—2019年和季节极端温度指数变化趋势

极端温度指数	年	春季	夏季	秋季	冬季	单位
TXx	−0.126	0.159*	−0.038	0.008	0.030	℃·$(10a)^{-1}$
TNn	0.340*	0.304*	0.293*	0.404*	0.250*	℃·$(10a)^{-1}$
TN10p	−1.270*	−1.607*	−1.040*	−1.818*	−0.613*	d·$(10a)^{-1}$
TN90p	1.534*	1.415*	2.065*	0.952*	1.749*	d·$(10a)^{-1}$
TX10p	−0.503*	−0.792*	−0.615*	−0.393*	−0.218	d·$(10a)^{-1}$
TX90p	0.391*	0.642*	0.432	−0.091	0.601*	d·$(10a)^{-1}$
DTR	−0.118*	−0.054	−0.041	−0.215*	−0.161*	℃·$(10a)^{-1}$

注：表中*表示通过0.05显著性检验。

同样，各季节日极端事件（TX10p、TX90p）的趋势变化幅度均远远小于夜极端事件（TN10p、TN90p），导致气温日较差趋势幅度的显著减少（除春季和夏季DTR趋势变化不显著以外），并且秋季DTR的趋势减少幅度也是相对最大的，为−0.215 ℃·$(10a)^{-1}$（0.05显著性检验）。

表5.9　极端温度指数的定义

指数	名称	定义	单位
TXx	月极端最高气温	每月内日最高气温的最大值	℃
TNn	月极端最低气温	每月内日最低气温的最小值	℃
TN10p	冷夜日数	日最低气温（TN）小于10%阈值的天数	d
TN90p	暖夜日数	日最低气温（TN）大于90%阈值的天数	d
TX10p	冷昼日数	日最高气温（TX）小于10%阈值的天数	d
TX90p	暖昼日数	日最高气温（TX）大于90%阈值的天数	d
DTR	日较差	逐月日最高气温（TX）与日最低气温（TN）的差值平均值	℃

5.6　小结

基于中国气象局国家气象信息中心收集整理的保定气象站1919—2019年逐日最高和最低气温原始基础数据，构建了河北保定地区1912—2019年均一化最高和最低气温日值序列，并对该地区百年以来的气温变化特征进行了分析，得到如下结论：

（1）为尽可能恢复完整可靠的原始基础资料，本章各节分别采用天津百年均一化逐日气温数据和插值到保定站点水平的Berkeley Earth-daily气温数据，通过标准化序列法对质量控制后的保定气象站原始观测序列进行延长插补，通过比对最终选取基于天津日气温数据得到的插补序列。

（2）基于两种途径建立的年和月尺度参考序列，利用惩罚最大 T 检验（PMT）和分位数匹配法（QM）（0.05 显著性水平），剔除了插补后的保定气象站日最高和最低气温序列中因数据插补、迁站和仪器变更造成的序列非均一性影响，尽可能地保留了该站百年以来真实的气候变化特征。

（3）保定气象站百年以来年平均气温距平序列的年代际变化特点与 Berkeley Earth-monthly、CRUTS4.03 和 GHCNV3 参考数据源基本一致，其中，增暖时期主要出现在 20 世纪第二个 10 年到 30 年代和 80 年代末以后，而 20 世纪 50 年代到 60 年代为明显的降温时期。从趋势变化来看，年平均最高、最低和平均气温趋势增暖幅度分别为 0.109 ± 0.021 ℃ · $(10a)^{-1}$、0.224 ± 0.018 ℃ · $(10a)^{-1}$ 和 0.166 ± 0.016 ℃ · $(10a)^{-1}$（0.05 显著性水平），与对应 Berkeley Earth-monthly 和 CRUTS4.03 基本一致。

（4）对于极端温度变化来说，保定地区 1912 年以来年和季节极端温度呈明显的增暖变化，TNn 的增暖趋势显著增加（0.05 显著性检验），特别是秋季趋势幅度达 0.404 ℃ · $(10a)^{-1}$。并且年和季节日极端事件（TX10p、TX90p）的趋势变化幅度均远远小于夜极端事件（TN10p、TN90p），导致气温日较差趋势幅度的显著减少，年和秋季趋势变化分别为 −0.118 ℃ · $(10a)^{-1}$、−0.215 ℃ · $(10a)^{-1}$（0.05 显著性检验）。

另外，相比司鹏等（2017），本书对处理的气温要素的时间尺度做了细化，为我国京津冀极端气候变化研究领域提供了新的基础观测数据。与此同时，在司鹏等（2017）基础上，尽可能详细地整理了保定气象站近百年有观测记录以来的台站元数据信息，并且改进和完善资料插补和均一化分析中对参考资料源的选取和参考序列的建立方法，为构建的百年逐日气温基础序列的完整性和可靠性提供科学依据。

第6章 京津冀百年极端温度事件的特征分析及其可能影响因子

目前,已有许多研究针对20世纪50年代以来,全球变暖和城市化影响共同造成的京津冀区域平均气候增暖及极端气候事件增多进行了分析和探讨(Wang et al., 2013; 李双双 等, 2015; Lin et al., 2016; 王玉洁和林欣, 2022)。其中,值得关注的是,相对城市区域,近60年来城市化对天津地区的平均和极端温度增暖影响在乡村区域表现得更为突出,这项研究是基于天津1951年以来均一化逐日气温观测数据进行的评估分析(司鹏 等, 2021)。

城市受到全球气候变化以及城市化本身引起的局地气候变化的多重影响,使得高温、强降水和严重污染天气等极端气候事件更加频繁和严重(Bai et al., 2018; 翟盘茂 等, 2019)。但目前来看,对百年尺度或更长时间尺度的城市区域气候变化和极端事件的评估分析是较为匮乏的(IPCC, 2013),可能原因主要是对百年尺度逐日观测数据收集和获取的困难以及一些非气候因素(如观测时间不一致等)的影响,导致很难形成一套完整可靠的全球地面逐日观测数据集(Si et al., 2021)。

本书基于新建的北京、天津、保定百年均一化最高和最低气温日值序列(Si et al., 2021; 司鹏 等, 2022, 2023),对京津冀百年以来的极端温度事件及其可能影响因子进行了评估分析。以此进一步提升我国数量有限的珍贵的长年代气候观测资料在气象服务保障及科技创新中的应用价值,夯实已有全球变暖背景下城市区域极端气候事件研究成果对我国社会、生态和经济可持续发展的支撑能力以提供科学借鉴和新的认识。

6.1 研究数据

6.1.1 观测数据

本书采用的新建北京、天津、保定逐日观测最高和最低气温序列的时间长度分别为1841—2021年(最高气温始于1880年)、1887—2021年(最低气温始于1890年)、1912—2021年。这些观测记录均是首先经过界限值检查、内部一致性检查和气候异常值检查等质量控制过程,剔除或更正了因人工观测、仪器故障以及数字化过程中人工录入等导致的错误数据;其次,通过标准化序列法(司鹏 等, 2017),采用插值到站点水平的Berkeley Earth日最高和最低气温数据(Rohde and Hausfather, 2020; http://berkeleyearth.org/data/),对质量控制后的观测记录进行了缺测值插补或延长到尽可能早的时间(1950年以前),得到尽可能完整连续且时间序列较长的基础序列;最后,利用惩罚最大T检验、惩罚最大F检验以及分位数匹配法(Wang et al., 2007, 2010, 2008),基于Berkeley Earth(Rohde and Hausfather, 2020;

http://berkeleyearth.org/data/)，Climatic Research Unit Time-Series version 4.03(CRU TS4.03)(Harris et al.，2020；http://data.ceda.ac.uk/badc/cru/data/cru_ts/cru_ts_4.03/data/)和 Global Historical Climatology Network(GHCNv3)(Lawrimore et al.，2011；https://www.ncdc.noaa.gov/ghcnd-data-access)三类全球地面气温观测数据构建的参考序列，结合每个气象观测站的局地气候特点和尽可能详尽的元数据信息，对时间序列中因迁站、仪器变更和观测时间改变等导致的非均一性因素进行了检验和订正。本书中京津冀区域的日最高和最低气温序列是利用北京、天津、保定地面气象站观测序列的算术平均得到，研究时段为 1912—2021 年。与此同时，由于 19 世纪期间一些年份缺少有效的观测数据，所以针对北京、天津、保定局地的研究时段分别为 1881—2021 年(最低气温始于 1911)、1887—2021 年(最低气温始于 1891)、1912—2021 年。

6.1.2 其他数据

本书中采用的全球月海表温度数据为美国国家海洋大气管理局国家环境信息中心(NOAA/NCEI)研制的 Extended Reconstructed Sea Surface Temperatures Version 5(ERSSTv5，https://www.ncei.noaa.gov/pub/data/cmb/ersst/v5/)，空间分辨率为 2°×2°，时间段为 1854—2021 年(Huang et al.，2017)。ERSSTv5 数据集不仅保留了与其他版本得到的关于百年尺度或是近几十年来海表温度显著趋势变化的相同评估结果，同时还提高和改善了全球海洋空间变化的代表性、El Niño 和 La Niña 事件的变化量级以及 20 世纪 30—40 年代观测仪器快速变更期间海表温度的年代自然变化(Huang et al.，2017)。除此之外，ERSSTv5 作为基础数据之一，在我国更新的整合全球陆表温度数据集(China Merged Surface Temperature，CMST)的构建中起到了重要作用(Yun et al.，2019)。

在城市化影响研究分析中，使用了美国国家环境预报中心(NCEP)和能源部(DOE)合作研制的再分析资料 NCEP/DOE AMIP-Ⅱ Reanalysis(以下简称 R-2，http://www.psl.noaa.gov)，要素为 2 m 高度的逐日最高和最低气温，时间段为 1979—2021 年，空间分辨率为全球 T62 高斯网格 192×94。根据北京、天津、保定地面气象站经纬度信息，通过反距离加权插值法将 R-2 再分析资料插值到站点水平进行分析。R-2 再分析资料是经过改良的 6 h 全球数据分析序列，订正了 NCEP/NCAR reanalysis R-1 数据拟合过程中人为因素导致的误差，并且在这套数据的加工过程中加入了更多的观测数据，引进了经过质量提高的预报模型和数据模拟系统(Kanamitsu et al.，2002)。所以，R-2 能够更为客观准确地描述近地层的气温特征。另外，2 m 高度的 R-2 逐日气温资料在前人关于城市化影响研究中也得到了很好的应用(Zhou et al.，2004；Si et al.，2012，2014)。

6.2 研究方法

6.2.1 极端温度事件的定义

表 6.1 给出了本书定义的 3 类极端温度事件指数，用于评估京津冀区域百年极端温度事件的变化特征。极端高温或极端低温事件阈值的定义是同时相对于 1961—1990 年和 1981—

2010年两个气候标准值的逐日动态的95％或5％百分位阈值，这种定义方法在前人的研究中已经得到了很好的应用效果(翟盘茂和潘晓华，2003；Hobday et al.，2016；Chen and Lu，2015；Yuan and Li，2019；Oliver et al.，2021；Tan et al.，2022)，其中日最高和最低气温95％和5％百分位阈值的计算方法参照Bonsal等(2001)及翟盘茂和潘晓华(2003)。具体过程为：首先，将1961—1990年或1981—2010年中同日的最高或最低气温资料按照升序排列X_1，X_2，X_3，…，X_N；其次，利用公式(6.1)计算对应于95％或5％百分位的序号m，那么该日95％或5％的百分位阈值X_m则为其前后两个数值的线性插值，统计结果如图6.1—图6.3所示。对于闰年2月29日的95％或5％百分位阈值，类似国际上的做法(Arguez et al.，2012，2013)，均利用对应2月28日和3月1日的有效阈值的算术平均值进行代替。

表6.1　极端温度事件的定义

指数名称	定义
极端高温事件	日最高气温大于95％阈值的事件
极端低温事件	日最低气温小于5％阈值的事件
日较差	日最高气温与日最低气温的差值

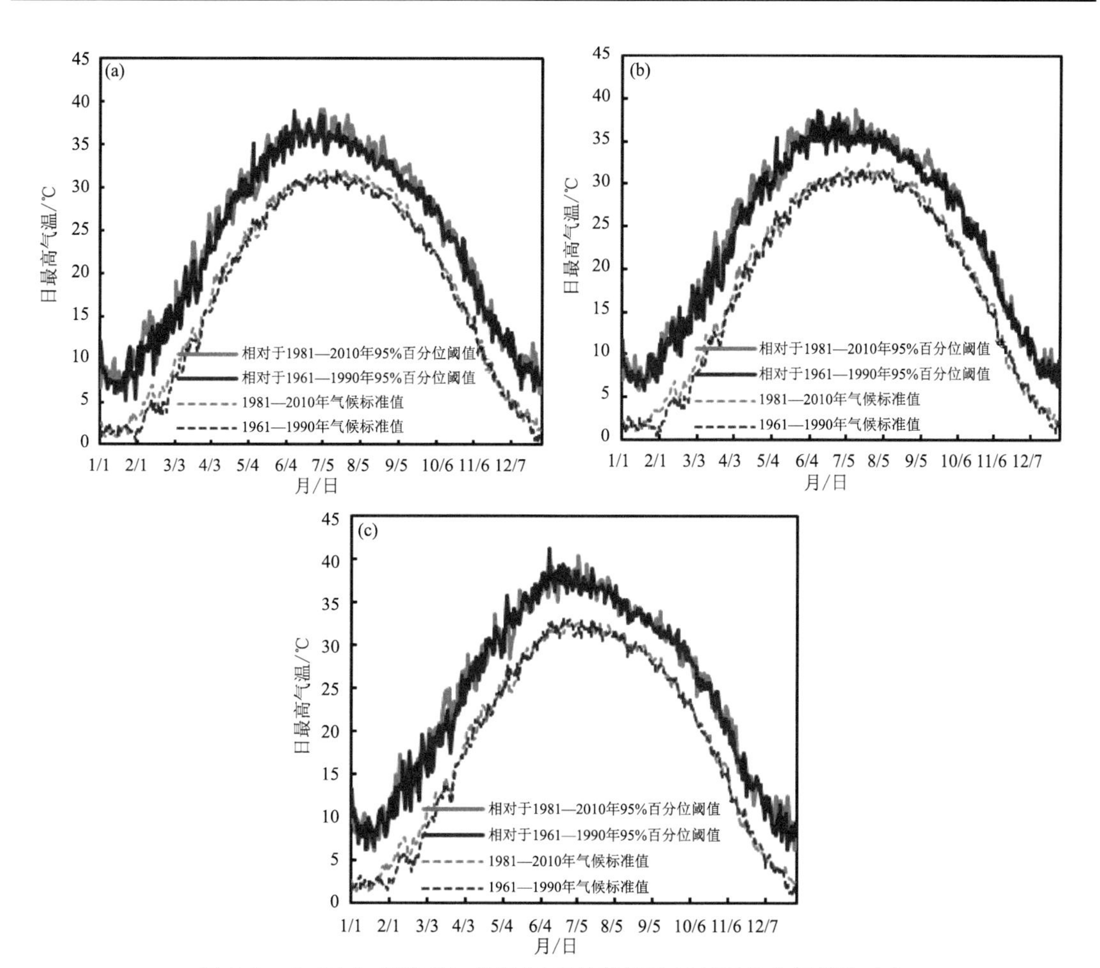

图6.1　北京(a)、天津(b)、保定(c)日最高气温95％百分位阈值及对应1961—1990年和1981—2010年气候标准值分布

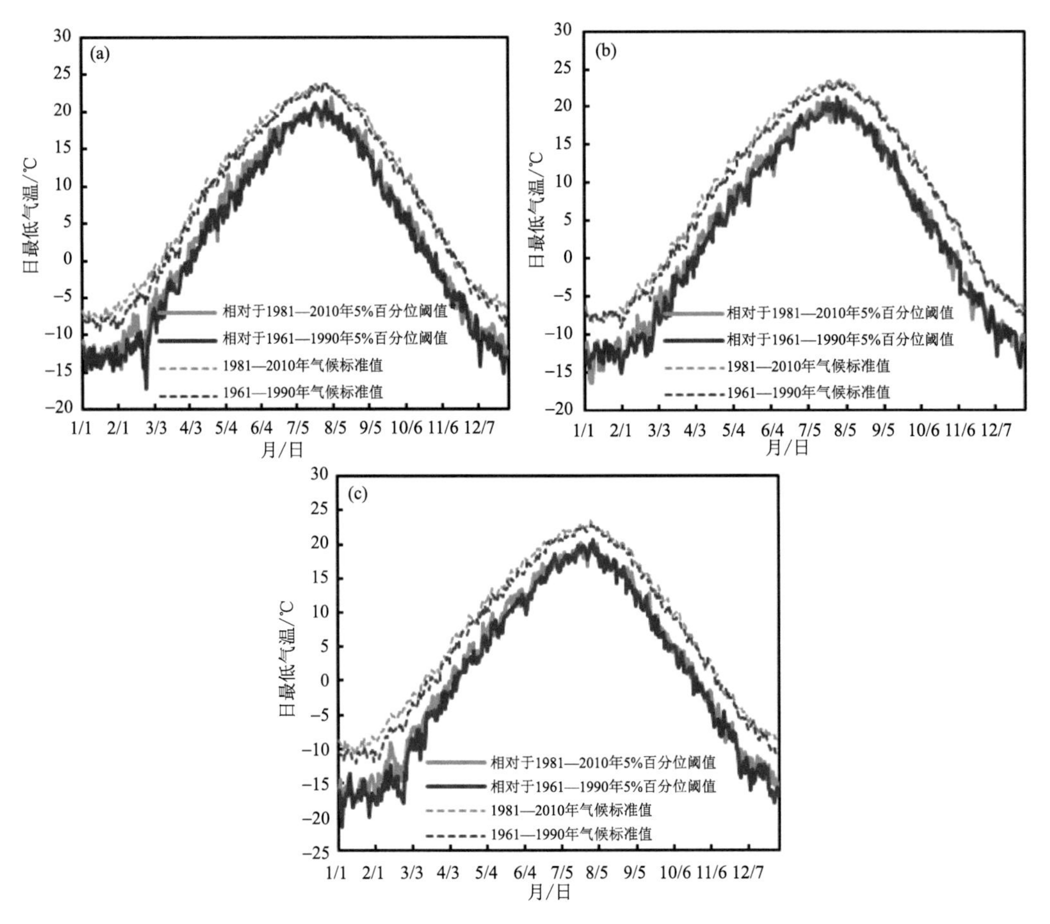

图 6.2 北京(a)、天津(b)、保定(c)日最低气温 5%百分位阈值及对应 1961—1990 年和 1981—2010 年气候标准值分布

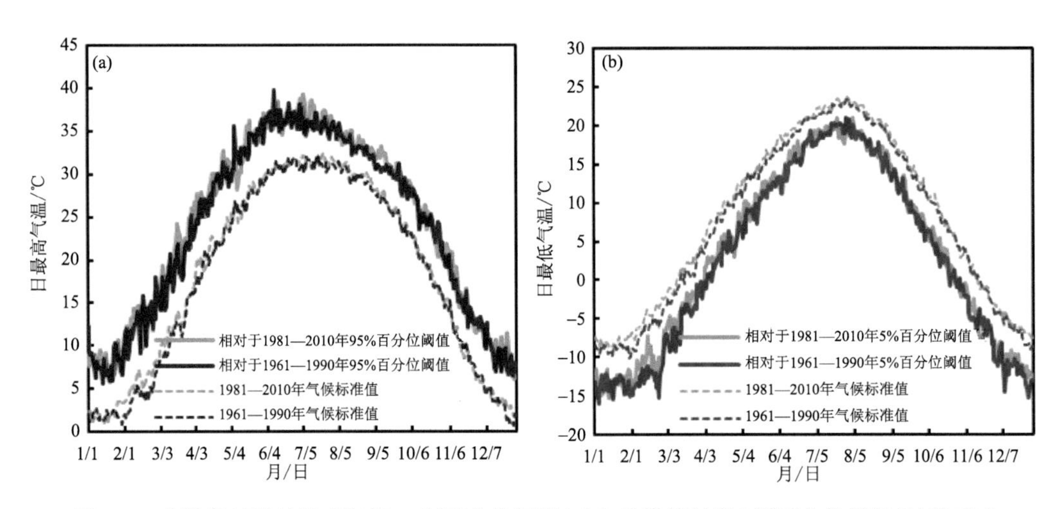

图 6.3 京津冀区域日最高气温 95%百分位阈值(a)和日最低气温 5%百分位阈值(b)及对应 1961—1990 年和 1981—2010 年气候标准值分布

$$P=(m-0.31)/(N+0.38) \tag{6.1}$$

根据目前关于极端气候变化的广泛研究(Frich et al.，2002；Alexander et al.，2006；Perkins，2011；Hobday et al.，2016；Tan et al.，2022)，本书采用了一些定性指标来评估极端高温和极端低温事件的统计特征，分别为极端高温(低温)日数、极端高温(低温)累积量、极端高温(低温)日发生的频率。极端高温(低温)日数定义为日最高(最低)气温大于95%(小于5%)百分位阈值的日数；极端高温(低温)累积量定义为极端高温(低温)日的气温值与该日95%(5%)百分位阈值差值的累加值；极端高温(低温)日发生的频率定义为十年时间尺度中发生的极端高温(低温)日数与该时间段总天数的比值，其中，十年时间尺度分别为20世纪10年代(1910—1919年)、20年代(1920—1929年)、30年代(1930—1939年)等。

6.2.2　趋势和年代际变化分析方法

本书采用鲁棒回归法(Gross，1977)对表6.1中给出的极端温度事件指数以及京津冀年平均最高和最低气温序列的趋势变化进行分析。鲁棒回归分析目的是在因变量样本可能存在粗差(离群值、异常值、缺测值等)的前提下，尽可能保证回归参数求解的正确性。同时，在建模过程中，为减少异常点的作用，根据回归残差的大小确定各点的权重，以达到稳健的目的，即对残差小的点给予较大的权重，而对残差较大的点则给予较小的权重，据此建立加权的最小二乘法估计，并反复迭代以改进权重系数，得到无偏而有效的参数估计量。该方法在解决回归分析中不规则数据影响的相关研究中已得到广泛应用(陈希孺和王松桂，1987；施能和王建新，1992；Si et al.，2014)。

为更好地揭示京津冀极端温度事件的年代变化特征，本书采用了鲁棒局部权重回归(简称lowess平滑)(William，1979)对极端温度事件(表6.1)的年平均序列进行平滑。lowess平滑是一种不拘泥于任何理论上数学函数的非参数回归方法，用来平滑等间距(或非等间距)分布的时间序列或散点图的方法，在鲁棒拟合过程中能够有效地避免异常值对平滑曲线的歪曲，可以很好地描述变量之间细微的变化关系。同样，该方法在Si等(2012；2014)的研究中也得到了很好的应用。

在极端温度事件气候序列的趋势渐变检验中，采用了Rodionov(2004)研发的一种顺序算法(以RSI指数表示)，该方法在以往相关研究中具有较好的检验效果(Rodionov et al.，2005；Li et al.，2010a，2010b；司鹏和解以扬，2015)。顺序算法是一种基于序列T检验的方法，能够实时指示出气候序列变化中可能的趋势渐变。该方法允许提前检测序列中的趋势渐变，并随后监测其幅度随时间的变化，并且它可以处理距平序列或绝对数值以及大量变量数据集等形式输入的数据。

6.3　研究结果

6.3.1　趋势和年代际变化的观测事实

表6.2给出了北京、天津、保定地区以及京津冀区域极端温度事件的年平均趋势变化。如表6.2所示，近百年来，京津冀区域经历了持续的极端增暖变化，特别是极端低温事件。极端

低温日数均呈现出显著的减少趋势(均通过 0.05 显著性检验),并且基于 1981—2010 年气候值得到的极端指数趋势减少幅度大于 1961—1990 年,极端低温累积量也表现出相同的变化特征。1912—2021 年京津冀区域基于 1961—1990 年和 1981—2010 年气候值得到的极端低温日数的年平均趋势幅度分别为 $-2.318\ \text{d}\cdot(10\text{a})^{-1}$ 和 $-4.178\ \text{d}\cdot(10\text{a})^{-1}$,对应极端低温累积量的趋势幅度分别为 $-3.136\ ℃\cdot\text{d}\cdot(10\text{a})^{-1}$ 和 $-6.756\ ℃\cdot\text{d}\cdot(10\text{a})^{-1}$。对于极端高温事件来说,极端高温日数和累积量的年平均趋势基本呈增加变化(但是除了天津地区以外,其他地区的趋势幅度基本没有通过 0.05 显著性检验),基于 1981—2010 年气候值得到的极端指数趋势增加幅度小于 1961—1990 年。1912—2021 年京津冀区域基于 1961—1990 年和 1981—2010 年气候值得到的极端高温日数的年平均趋势幅度分别为 $1.835\ \text{d}\cdot(10\text{a})^{-1}$ 和 $0.736\ \text{d}\cdot(10\text{a})^{-1}$,对应极端累积量的趋势幅度分别为 $2.855\ ℃\cdot\text{d}\cdot(10\text{a})^{-1}$ 和 $0.598\ ℃\cdot\text{d}\cdot(10\text{a})^{-1}$。同时,从极端高温和低温事件趋势变化幅度的对比也可以清楚地看出,近百年以来京津冀区域表现出了不平衡的极端增暖变化,即极端低温事件的增暖速度远大于极端高温事件。因此,该区域的年平均气温日较差呈显著的减少趋势,1912 年以来的变化幅度为 $-0.089\ ℃\cdot(10\text{a})^{-1}$(通过 0.05 显著性检验)。

表 6.2　京津冀极端温度事件的年平均变化趋势

指数	指标	30 年气候值	北京	天津	保定	京津冀区域	单位/(· (10a)$^{-1}$)
极端高温事件	极端高温日数	1961—1990	0.711	1.889	0.658	1.835	d
		1981—2010	0.042	0.957	0.027	0.736	d
	极端高温累积量	1961—1990	0.134	2.389	0.604	2.855	℃ · d
		1981—2010	−0.681	1.131	−0.989	0.598	℃ · d
极端低温事件	极端低温日数	1961—1990	−2.146	−3.520	−2.711	−2.318	d
		1981—2010	−3.957	−4.959	−4.455	−4.178	d
	极端低温累积量	1961—1990	−3.676	−5.286	−4.046	−3.136	℃ · d
		1981—2010	−7.125	−9.279	−9.111	−6.756	℃ · d
日较差			−0.061	−0.073	−0.115	−0.089	℃

注:表中加粗数据表示通过 0.05 显著性检验。

图 6.4—图 6.6 的 a, b, c 分别给出北京、天津、保定地区极端高温事件的年平均变化序列。从年代变化特征来看,极端高温事件均主要发生在 20 世纪 40 年代,21 世纪第一个 10 年和 2010—2021 年,并且基于 1981—2010 年气候值得到的极端事件累积量和发生频率均小于 1961—1990 年。另外,对于北京、天津、保定地区的局地变化来说,较高频率和累积量的极端高温事件也分别出现在了 19 世纪 90 年代、20 世纪 20 年代和 50 年代。同样,从极端高温日数和累积量的年平均气候趋势渐变检验中也得到了相同的结果,RSI 突变点分别出现在 1890/1900 年、1919/1932(1933)年和 1952/1956 年。另外,从极端高温日数发生频率来看(图 6.4—图 6.6 的 c),京津冀区域基于 1961—1990 年气候值得到的极端指数在 21 世纪第一个 10 年和 2010—2021 年两个时间段发生频率(均为 8.8%)均为 1912—1919 年期间(2.4%)的 4 倍左右,与之类似,基于 1981—2010 年气候值得到的极端指数在 21 世纪第一个 10 年、2010—2021 年和 1912—1919 年期间发生的频率分别为 4.6%、5.9% 和 1.7%。

对于极端低温事件的年代变化来说,如图 6.4—图 6.6 的 d, e, f 所示,20 世纪 70 年代至 2021 年期间极端低温事件均很少发生,特别是 20 世纪 80 年代以来,并且基于 1981—2010 年

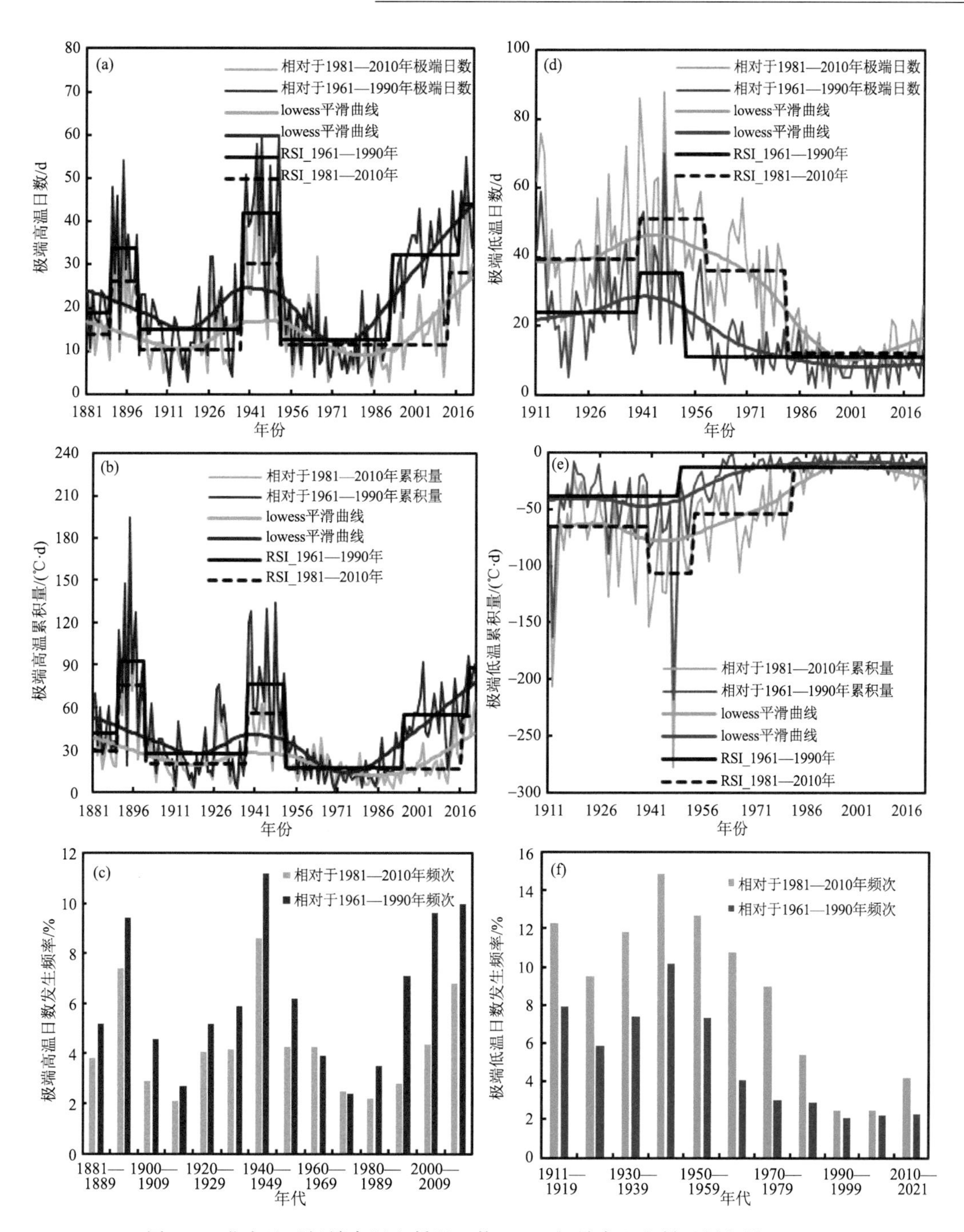

图 6.4　北京地区极端高温和低温日数(a,d)、极端高温和低温累积量(b,e)、极端高温和低温日数发生的频率(c,f)

气候值得到的极端事件累积量和发生频率均大于 1961—1990 年。气候趋势渐变检验结果显示，京津冀区域年平均极端低温日数和累积量的 RSI 突变点共同出现在 1982 年(仅基于 1981—2010 年气候值)和 1925 年(基于 1961—1990 年和 1981—2010 年两个气候值)。同样，基于 1961—1990 年气候值得到的京津冀区域极端低温日数发生频率(图 6.4—图 6.6 的 f)在

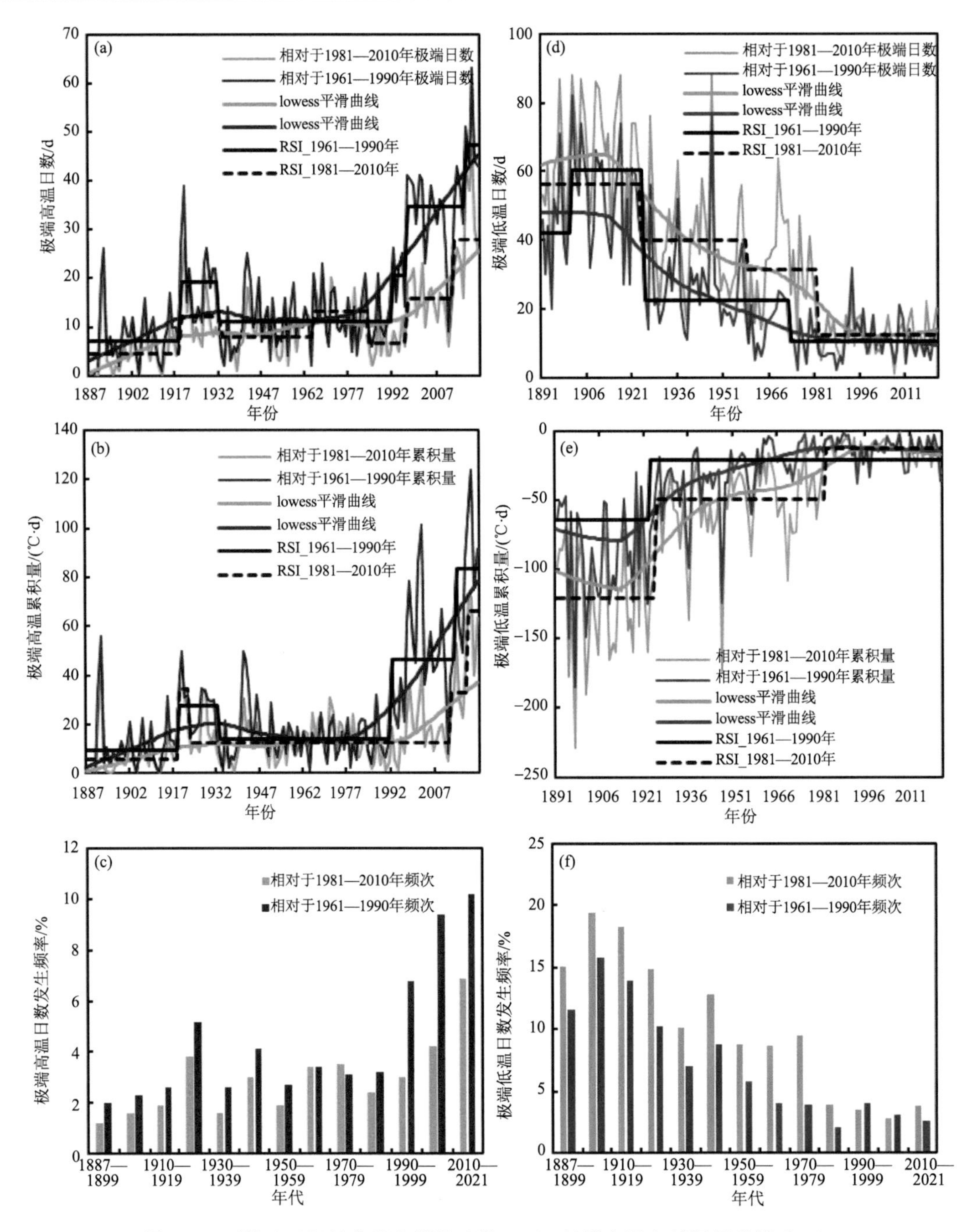

图 6.5　天津地区极端高温和低温日数(a,d)、极端高温和低温累积量(b,e)、极端高温和低温日数发生的频率(c,f)

1912—1919 年期间(9%)是 21 世纪第一个 10 年(2.3%)和 2010—2021 年(2.6%)的 4 倍左右,而对应的基于 1981—2010 年气候值得到的极端低温事件 1912—1919 年期间(14.7%)发生频率分别是 21 世纪第一个 10 年(2.5%)和 2010—2021 年(4.6%)的 6 倍和 3 倍。因此,结合上述极端高温事件的年代变化,不难看出,自 20 世纪 70 年代以来京津冀区域经历了快速的极端增暖变化,特别是近 20 年来尤为明显,这与 IPCC AR6(2021)得出的一些结论基本一致。

另外，对于气温日较差的年代变化来看(图 6.7)，从 20 世纪 40 年代到 20 世纪 50 年代初在京津冀区域共同出现了上升的突变，而 2017—2021 年期间的上升突变也出现在了北京和保定地区，所以，年平均气温日较差序列两个明显的 RSI 突变点分别出现在 1940/1941 年和 2017 年。

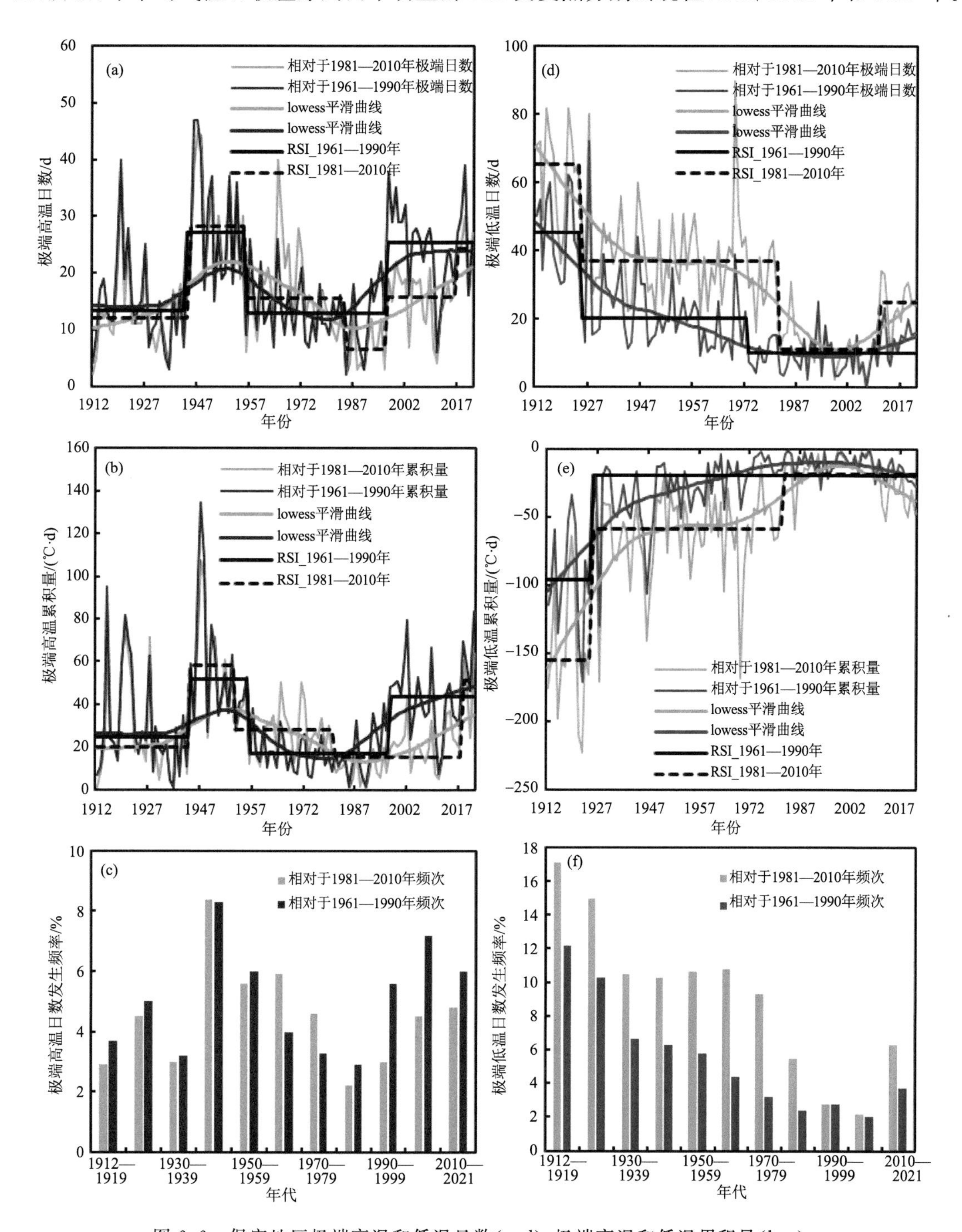

图 6.6　保定地区极端高温和低温日数(a,d)、极端高温和低温累积量(b,e)、极端高温和低温日数发生的频率(c,f)

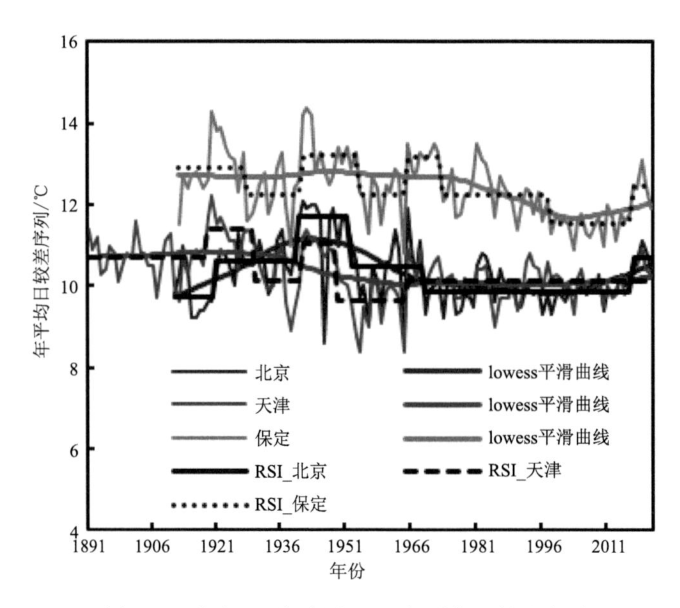

图 6.7　北京、天津、保定地区年平均日较差序列

与此同时，京津冀区域的极端高温和低温事件也表现出了明显的年际变化特点，并且也符合年代变化特征。表 6.3 和表 6.4 给出了北京、天津、保定及京津冀区域基于 1961—1990 年和 1981—2010 年两个气候值得到的极端高温或低温日数和累积量发生最多或最少的前 5 年及其数值。如表 6.3 所示，在 1941 年、1942 年、1943 年、2017 年、2018 年和 2019 年均发生了非常明显的极端高温事件，并且对于北京地区来说，明显的极端高温累加量也出现在 1892 年、1894 年、1945 年和 1948 年，同样保定地区也出现在 1920 年。同时，在 1994 年、1998 年、1999 年和 2007 年京津冀区域的极端低温事件明显减少（表 6.4），而天津地区在 1988 年、1989 年和 1990 年的极端低温事件也明显减少。然而，根据中国气象局国家气候中心发布的中国 1950 年以来 El Niño 历史事件的统计信息（http://cmdp. ncc-cma. net/download/ENSO/Monitor/ENSO_history_events. pdf）可以看出，这些极端增暖年份（仅为 1950 年以后的）似乎与 El Niño 衰减年基本一致，如 1986 年 8 月—1988 年 2 月（中等强度，1987 年 8 月峰值时间）、1997 年 4 月—1998 年 4 月（超强强度，1997 年 11 月峰值时间）、2006 年 8 月—2007 年 1 月（弱强度，2006 年 11 月峰值时间）、2014 年 10 月—2016 年 4 月（超强强度，2015 年 12 月峰值时间）、2018 年 9 月—2019 年 6 月（弱强度，2018 年 11 月峰值时间）。因此，El Niño 衰减时间在一定程度上对京津冀区域极端高温事件的预测具有重要意义。

6.3.2　可能的影响因子

6.3.2.1　与全球海表温度的相关关系

海表温度作为基本气候变量之一是影响大气环流的关键因素（Bojinski et al.，2014），并且海表温度的异常变化也是造成 ENSO 事件的主要原因（Neelin et al.，1998；Mason and Mimmack，2002；Lau and Nath，2003；Zhao and Nigam，2015；Jorge and Laurent，2022）。本书给出了北京、天津、保定以及京津冀区域百年尺度的气温日较差、极端高温或低温日数和

表 6.3　极端高温事件的年际变化

	北京				天津				保定				京津冀区域			
	1961—1990		1981—2010		1961—1990		1981—2010		1961—1990		1981—2010		1961—1990		1981—2010	
极端高温日数	年份	日数/d	年份	日数/d	年份	日数/d	年份	日数/d	年份	日数/d	年份	日数/d	年份	日数/d	年份	日数/d
	1945	60	1943	50	2019	63	2019	47	1941	47	1942	45	2019	56	2019	41
	1951	60	1945	49	2017	51	2017	42	1942	47	1943	44	2017	44	1942	32
	1943	58	2019	46	2020	44	2018	38	1943	41	1965	40	2002	41	1965	32
	2019	55	1948	43	2014	43	2020	30	1920	40	1941	39	1943	40	2017	32
	1894	54	1892	42	2018	43	1920	28	2019	39	1920	37	1997	39	1943	29
极端高温累积量	年份	累积量/(℃·d)	年份	累积量/(℃·d)	年份	累积量/(℃·d)	年份	累积量/(℃·d)	年份	累积量/(℃·d)	年份	累积量/(℃·d)	年份	累积量/(℃·d)	年份	累积量/(℃·d)
	1894	194.4	1894	150.8	2019	123.7	2018	73.4	1942	134.4	1942	107.4	2019	92.0	2021	65.2
	1892	147.3	1896	112.7	2018	110.3	2019	71.7	1943	107.9	1943	98.9	2021	90.4	2019	62.7
	1948	134.1	1892	112.6	2002	101.2	2021	63.2	1941	99.2	1941	76.1	2002	89.2	2018	61.3
	1945	129.9	1945	108.3	2021	91.5	2014	52.7	1915	95.2	1920	74.7	2018	82.8	1942	47.1
	1939	128.2	1948	102.7	2017	87.4	1892	45.0	2021	83.4	1945	72.5	1942	81.1	2014	46.8

表 6.4　极端低温事件的年际变化

	北京				天津				保定				京津冀区域			
	1961—1990		1981—2010		1961—1990		1981—2010		1961—1990		1981—2010		1961—1990		1981—2010	
	年份	日数/d	年份	日数/d	年份	日数/d	年份	日数/d	年份	日数/d	年份	日数/d	年份	日数/d	年份	日数/d
极端低温日数	2007	1	1994	2	1975	2	2007	1	2007	0	2007	0	2007	0	2007	0
	1990	2	2007	2	1988	2	1983	5	1990	2	1998	2	1994	2	1994	4
	1994	2	1992	4	1978	4	1990	5	1983	3	1994	3	2014	2	2017	5
	2005	2	1998	5	1990	4	1989	6	1994	3	2005	4	1975	3	1992	6
	2011	2	1996	6	2007	4	1999	7	1998	3	2003	6	1999	3	1998	7
	年份	累积量/(℃·d)	年份	累积量/(℃·d)	年份	累积量/(℃·d)	年份	累积量/(℃·d)	年份	累积量/(℃·d)	年份	累积量/(℃·d)	年份	累积量/(℃·d)	年份	累积量/(℃·d)
极端低温累积量	1964	−0.6	2007	−0.8	1988	−0.7	2007	−0.4	2007	0.0	2007	0.0	2007	0.0	2007	0.0
	2007	−1.0	2005	−1.7	1975	−1.5	1983	−3.1	1983	−0.8	1994	−1.8	1975	−1.0	1992	−2.4
	1994	−1.1	1994	−2.0	2019	−2.4	1992	−4.8	1988	−1.5	2005	−1.8	1994	−1.2	1994	−3.2
	2011	−1.3	1992	−2.4	2007	−2.5	2002	−5.0	1975	−1.7	1998	−2.0	1961	−1.9	1983	−3.9
	1999	−1.7	1998	−3.3	1990	−3.0	1990	−5.1	1994	−2.0	1992	−3.4	2005	−1.9	2005	−4.3

累积量分别与全球海表温度在统计意义上的相关关系。时间段包括提前一年、滞后一年和同期统计。对于气温日较差来说(图 6.8),三个时间段呈显著负相关在天津地区表现得最为明显,可能由于天津所处地理位置邻近渤海的原因。另外,如图 6.8 所示,三个时间段呈显著负相关的高值区基本相同,均主要集中在印度洋西南部 20°—85°E, 40°—65°S 区域,相关系数约 0.5 左右(通过 0.01 显著性检验)。

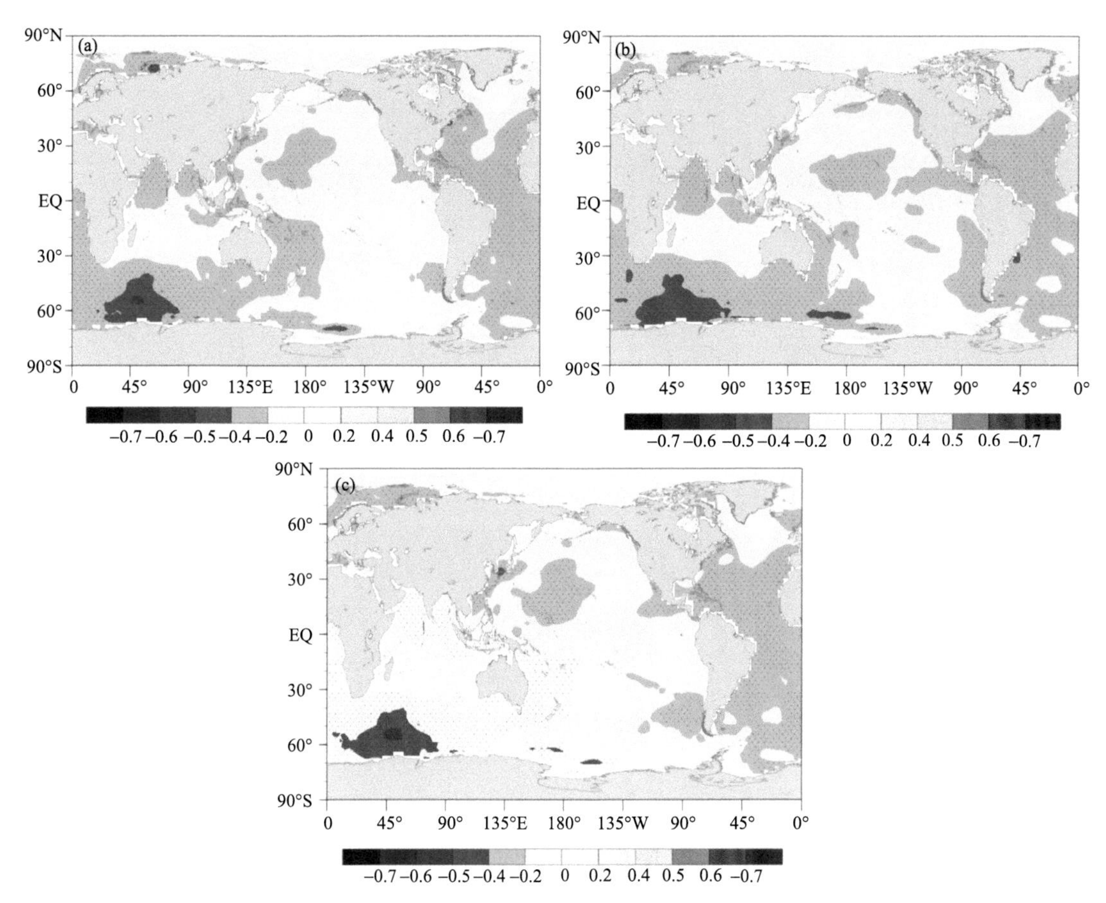

图 6.8　天津地区年平均尺度气温日较差与全球海表温度相关系数分布(a)提前一年,(b)滞后一年,(c)同期(实心圆点表示相关性通过 0.01 显著性检验)

图 6.9 给出天津和京津冀区域基于 1961—1990 年气候值得到的极端高温日数与全球海表温度的相关关系。如图所示,相对其他地区和京津冀区域,天津仍是极端高温日数与全球海表温度呈显著正相关最为明显的地区。但总的来说,印度洋北部的阿拉伯海和孟加拉湾、太平洋西部以及大西洋中部均是天津地区(图 6.9 a, c, e)和京津冀区域(图 6.9 b, d, f)能够反映明显的海洋—大气相关关系的典型区域。另外,相比较而言,全球海表温度对极端高温日数在滞后一年的增加影响相对最大(图 6.9 c, d),其次是同期统计(图 6.9 e, f),影响相对最小的表现在提前一年的时间段(图 6.9 a, b)。从相关程度来看,整个京津冀区域在印度洋北部的阿拉伯海和孟加拉湾以及太平洋西部呈显著正相关高值区的幅度能够达到 0.6 左右,甚至天津地区能够达到 0.6 以上(通过 0.01 显著性检验)。基于 1981—2010 年气候值得到的极端高温日数与全球海表温度的正相关幅度远远小于 1961—1990 年(图略),在北京和保定地区的相

关系数基本没有超过 0.4,这一特征与 6.3.1 节分析得到的极端高温日数的趋势和年代变化特点一致。此外,北京、天津、保定和京津冀区域极端高温累积量与全球海表温度的统计相关特征与极端高温日数基本一致(图略)。

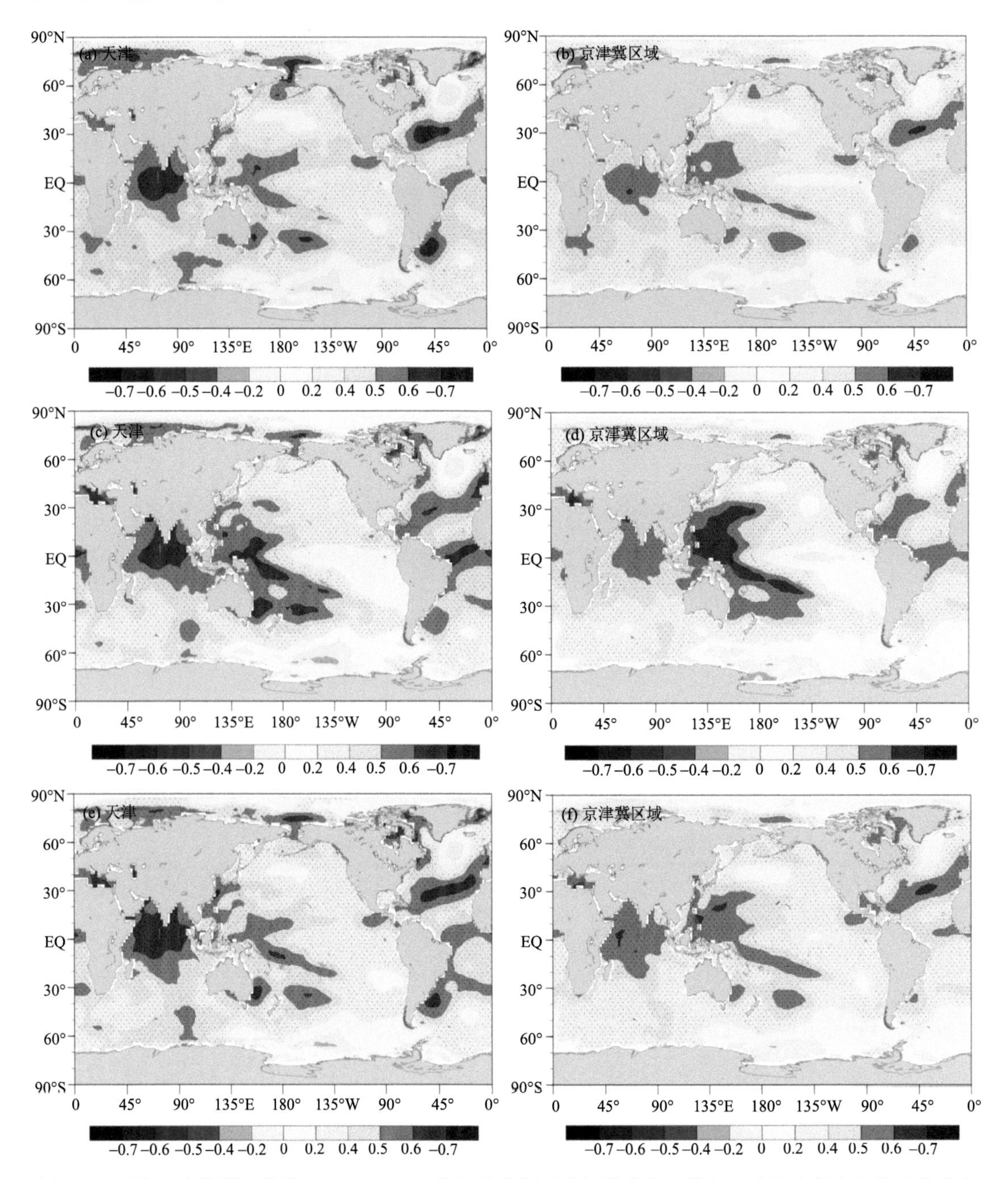

图 6.9 天津和京津冀区域基于 1961—1990 年气候值得到的极端高温日数与全球海表温度相关系数分布(a,b)提前一年,(c,d)滞后一年,(e,f)同期(实心圆点表示相关性通过 0.01 显著性检验)

对于极端低温事件来说,全球海表温度对京津冀区域基于 1981—2010 年气候值得到的极端低温日数显著减少的影响范围或负值高值区的幅度均明显大于基于 1961—1990 年气候值所得到的(图 6.10 b, d, f),特别是天津地区(图 6.10 a, c, e)。从图 6.10 中可以看出,极端低温日数与全球海表温度呈显著负相关的典型区域与极端高温日数一致(图 6.9),另外,印度洋南部和北冰洋西南部的 45°—85°E, 68°—82°N 区域也是反映海洋一大气负相关作用的典型区域。并且从影响范围来看,这些典型区域在提前一年、滞后一年和同期统计三个时间段所得到的海洋一大气负相关作用基本一致。对于整个京津冀区域来说,在这些典型区域,全球海表温度与极端低温日数呈显著负相关高值区的幅度基本在 0.6 以上,天津地区则达到了 0.7 以

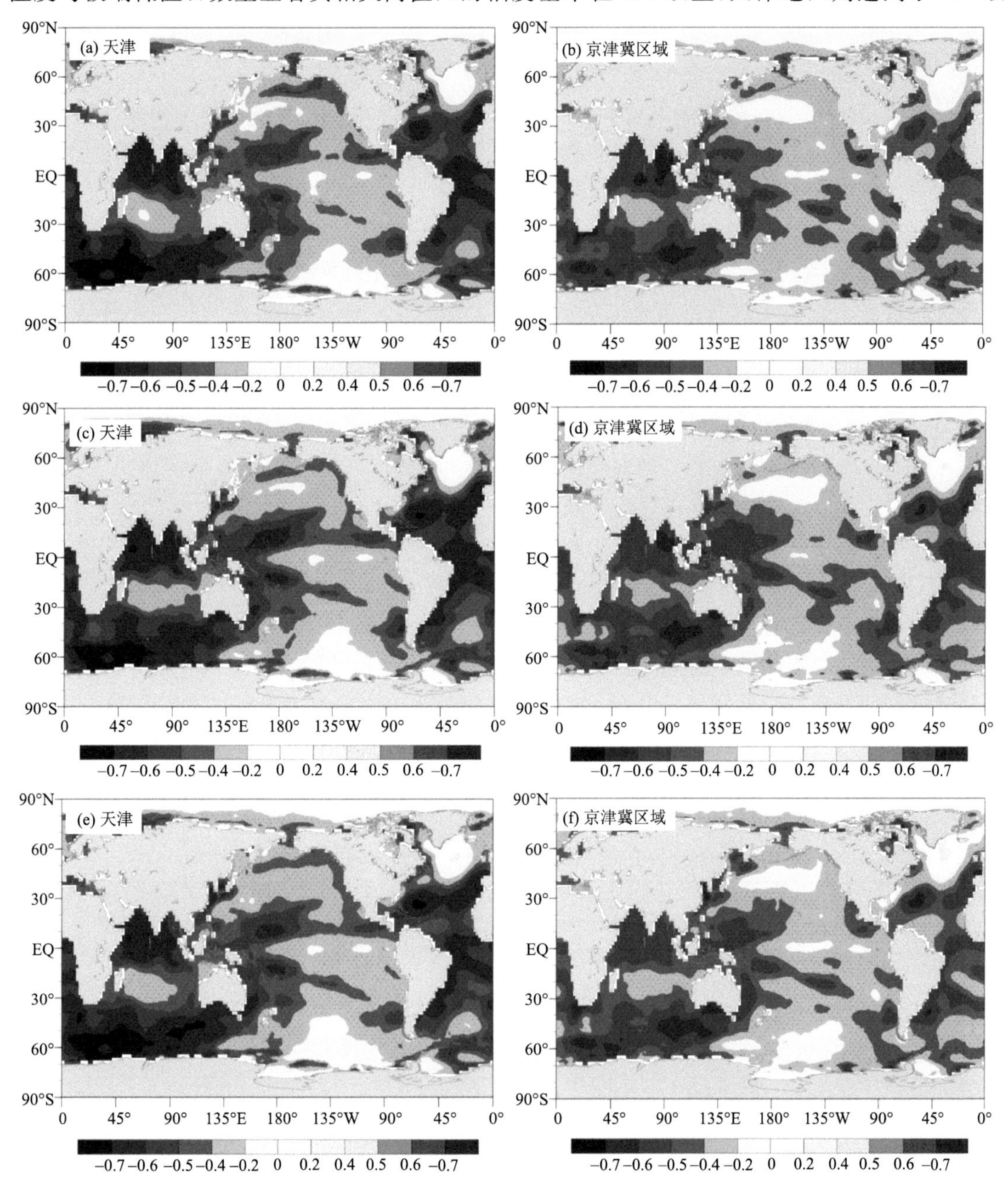

图 6.10　天津和京津冀区域基于 1981—2010 年气候值得到的极端低温日数与全球海表温度相关系数分布 (a,b)提前一年,(c,d)滞后一年,(e,f)同期(实心圆点表示相关性通过 0.01 显著性检验)

上(通过 0.01 显著性检验),特别是在印度洋南部区域。同样,北京、天津、保定和京津冀区域极端低温累积量与全球海表温度的统计相关特征与极端低温日数基本一致(图略)。

因此,极端高温或低温事件与全球海表温度所表现出的这种显著相关特征,从统计意义上来看,上述这些典型海洋区域的海表温度变化也可以作为京津冀区域极端增暖的预警信号。

6.3.2.2 城市化影响

从 6.3.1 节和 6.3.2.1 节分析得到的极端高温和低温事件以及气温日较差所表现出的特征来看,城市化对京津冀区域特别是 20 世纪 80 年代以来的增暖影响也是非常显著的。这也与其他研究大城市地区城市化导致的极端变暖影响相一致(Wang et al., 2013; Si et al., 2014; 司鹏 等, 2021)。分析结果显示,基于 1961—1990 年气候值得到的极端高温日数、累积量以及极端高温日发生频率无论是趋势增暖变化还是与全球海表温度的正相关幅度均大于基于 1981—2010 年气候值,而与之相反,尽管极端低温事件各类指数的显著减少变化在基于 1961—1990 年气候值表现得也很明显,但在基于 1981—2010 年气候值表现得更为突出。同时,气温日较差的显著减少趋势变化也反映出了极端最高和最低气温不平衡的增暖速度。这些都明显表现出城市化效应的特征(Balling et al., 1990; Ruschy et al., 1991; Shouraseni and Yuan, 2009)。由此,也在一定程度上证实了从 IPCC TAR3 到 IPCC AR6(IPCC, 2001, 2007, 2013, 2021)经过逐渐论证得到的,近几十年来由人类活动(如温室效应和城市化影响等)引起的气候变暖的可靠结论。另外,IPCC AR6(2021)也指出了一些观测到的极端高温事件在过去几十年如果没有人类活动对气候系统的影响是不可能发生的,并且还指出人类活动影响是造成世界上大多数陆地地区增加热浪和较少寒潮的强度和发生频率的主要因素。

表 6.5 给出了北京、天津、保定和京津冀区域 1979 年以来最高和最低气温观测资料和 R-2 再分析资料的趋势变化。参照 Zhou 等(2004)的研究方法,本书中利用年平均最高或最低气温观测资料和 R-2 再分析资料趋势变化的差值表示城市化影响,并且该差值与观测资料趋势变化的比值表示城市化的增暖贡献。如表 6.5 所示,3 个地区和京津冀区域年平均最低气温的观测资料和 R-2 再分析资料以及年平均最高气温的观测资料均表现出显著的趋势增暖变化(通过 0.05 显著性检验)。观测资料显示,北京和天津地区的年平均最高气温的增暖趋势均要大于最低气温,但是保定地区则是相反的,这反映了城市化对发展中城市增暖变化的影响大于

表 6.5 1979—2021 年北京、天津、保定以及京津冀区域年平均最高、最低气温观测资料与对应 R-2 再分析资料的趋势变化(单位:℃·(10a)$^{-1}$)

		北京	天津	保定	京津冀区域
最高气温	观测资料	**0.387**	**0.394**	**0.224**	**0.322**
	R-2 再分析资料	−0.065	0.029	−0.015	−0.025
	差值	0.452	0.365	0.239	0.347
	贡献/%	—	92.6	—	—
最低气温	观测资料	**0.271**	**0.278**	**0.393**	**0.313**
	R-2 再分析资料	**0.234**	**0.230**	**0.247**	**0.237**
	差值	**0.037**	**0.048**	**0.146**	**0.076**
	贡献/%	13.7	17.3	37.2	24.3

注:表中加粗数据表示通过 0.05 显著性检验。

大都市的有趣现象(司鹏 等，2021)。表6.5中差值统计显示，1979年以来3个地区和京津冀区域的年平均最高气温增暖几乎都是由城市化影响导致，这一统计结果似乎比以往任何其他研究都更为突出(Li et al.，2004；Ren et al.，2007；司鹏 等，2009)，可能是由于研究资料时间序列延长的原因(Seong et al.，2021)。另外，城市化对北京、天津、保定和京津冀区域年平均最低气温的增暖影响分别为0.037 ℃·$(10a)^{-1}$，0.048 ℃·$(10a)^{-1}$，0.146 ℃·$(10a)^{-1}$，0.076 ℃·$(10a)^{-1}$，对应地增暖贡献分别为13.7%，17.3%，37.2%，24.3%，这与Wang等(2013)的部分研究结果基本一致。

因此，从观测事实来看，全球地表温度变化和城市化导致的局部气候变化使得极端增暖事件在京津冀地区更加持久、频繁和严重。这也是近几十年来全球变暖背景下城市地区气候变化的一个典型特征(Tan et al.，2010；Wang et al.，2013；翟盘茂 等，2019；敖翔宇 等，2019；Seong et al.，2021；王玉洁 等，2022)。

6.4　小结

本书利用北京、天津、保定地区新建的百年尺度逐日均一化最高和最低气温资料，对京津冀区域观测到的极端温度事件的趋势和年代际变化特征及其可能影响因子进行了评估分析。在定义极端温度事件过程中，同时使用了1961—1990年和1981—2010年两个气候标准值。从分析结果可以看出，1961—1990年气候值适合检测气候内部因素的影响，如全球增暖影响，而1981—2010年气候值可以更好地反映20世纪80年代以来中国城市地区气候变暖的事实，相对更适合研究城市化效应的外部强迫等。

年平均极端温度事件的趋势变化表明，京津冀地区存在着长期的极端变暖，并且极端低温事件的变暖速度相对更快。1912—2021年京津冀区域基于1961—1990年和1981—2010年两个气候值得到的极端低温日数的趋势幅度分别为−2.318 d·$(10a)^{-1}$和−4.178 d·$(10a)^{-1}$，对应极端低温累积量的趋势幅度分别为−3.136 ℃·d·$(10a)^{-1}$和−6.756 ℃·d·$(10a)^{-1}$。对于年代变化，极端高温事件多集中发生在20世纪40年代，21世纪第一个10年和2010—2021年，而极端低温事件自20世纪70年代到2010—2021年则很少发生，特别是20世纪80年代以来。从1912—1919年，2000—2009年和2010—2021年三个时段极端高温或低温日发生频率的统计结果得到，近20年来，京津冀区域快速的极端增暖变化更为明显。另外，El Niño事件可能是京津冀区域极端增暖的可靠预测，因为发生显著的极端高温或低温事件的一些年份(1950年之后)似乎与El Niño衰减年份相对应。

从与全球海表温度相关关系的分析结果来看，从统计意义上，京津冀区域的极端高温(或低温)事件与海温存在显著的正(负)相关关系(通过0.01显著性检验)，特别是天津地区。并且印度洋北部的阿拉伯海和孟加拉湾、太平洋西部、大西洋中部、印度洋南部和北冰洋西南部的45°—85°E，68°—82°N区域是反映明显的海洋—大气相关关系的典型区域。基于1981—2010年气候值的极端高温事件与全球海表温度的相关幅度远远小于1961—1990年，而极端低温事件则相反。从观测资料和R-2再分析资料的差值可以看出，1979年以来城市化对京津冀区域有显著的极端增暖影响。北京、天津、保定和京津冀区域年平均最高气温的趋势增暖几乎均由城市化影响导致，对年平均最低气温的趋势增暖贡献分别为13.7%，17.3%，

37.2%,24.3%。

本书提供了关于百年尺度气温观测资料在检测城市地区长年代极端温度增暖研究中的应用。在一定程度上对推进不同区域气候背景下百年尺度可靠逐日观测资料的构建,以及提高中国乃至全球极端气候预报和预测服务的保障能力具有重要意义。但是目前的工作仍存在一些不足之处,需要在以后的研究中逐步得到丰富、改进和进一步研究探索。首先,在构建京津冀区域逐日气温观测序列中,由于缺乏百年尺度的逐日观测资料,本书仅对北京、天津和保定地区的气温序列进行了算术平均,这种方法可能会在定量结果的评估分析中引入一些样本误差。其次,极端温度事件归因检测中,分析了 El Niño 事件发生年以及与全球海表温度的统计相关关系,但大气环流及其与海温异常的相互作用也是以往研究中反映气候内部变化的重要因素(邹海波 等,2015;李双双 等,2015;Chen et al.,2015;Freychet et al.,2018)。同时,近年来许多研究指出,北极海冰的消失会影响大气环流的变化,并在一定程度上能够导致北极上空的气候变暖(Pedersen et al.,2016;Onarheim et al.,2018;Sun et al.,2018;Chripko et al.,2021)。而有趣的是,本书的研究结果也得到了北冰洋西南部海域的一个典型区域,明显反映出京津冀地区的极端低温事件与海温的显著负相关关系。最后,在城市化影响方面,还需要使用更多的高质量气象站观测资料和更好的城市化评估方法(如基于卫星遥感数据等),以此定量分离出全球变暖背景下城市化效应对极端气候事件的影响。同时,有必要通过更加完善可靠的城市估算模型进一步增加对未来气候变化的预测,以此为气候变化和城市可持续发展提供科学依据。

参考文献

敖翔宇，谈建国，支星，等. 2019. 上海城市热岛与热浪协同作用及其影响因子[J]. 地理学报，74(9)：1789-1802.

陈希孺，王松桂，1987. 近代回归分析——原理方法及应用[M]. 合肥：安徽教育出版社.

黄嘉佑，2000. 气象统计分析与预报方法(第二版)[M]. 北京：气象出版社.

黄嘉佑，刘小宁，李庆祥，2004. 夏季降水量与气温资料的恢复试验[J]. 应用气象学报，15(2)：200-206.

刘小宁，张洪政，李庆祥，2005. 不同方法计算的气温平均值差异分析[J]. 应用气象学报，16(3)：345-356.

李庆祥，2011. 气候资料均一性研究导论[M]. 北京：气象出版社.

李双双，杨赛霓，张东海，等. 2015. 近54年京津冀地区热浪时空变化特征及影响因素[J]. 应用气象学报，26(5)：545-554.

任雨，郭军，2014. 天津1891年以来器测气温序列的均一化[J]. 高原气象，33(3)：855-860.

施能，王建新，1992. 稳健回归的反复加权最小二乘迭代解法及其应用[J]. 应用气象学报，3(3)：353-358.

司鹏，李庆祥，轩春怡，等，2009. 城市化对北京气温变化的贡献分析[J]. 自然灾害学报，18(4)：138-144.

司鹏，徐文慧，2015a. 利用RHtestsV4软件包对天津1951—2012年逐日气温序列的均一性分析[J]. 气候与环境研究，20(6)：663-674.

司鹏，解以扬，2015b. 天津太阳总辐射资料的均一性分析[J]. 气候与环境研究，20(3)：269-276.

司鹏，郝立生，罗传军，等，2017. 河北保定气象站长序列气温资料缺测记录插补和非均一性订正[J]. 气候变化研究进展，13(1)：41-51.

司鹏，王冀，李慧君，等，2020. 省级地面气象观测资料均一化处理技术与应用[M]. 北京：气象出版社.

司鹏，梁冬坡，陈凯华，等，2021. 城市化对天津近60年平均温度和极端温度事件的增暖影响[J]. 气候与环境研究，26(2)：142-154.

司鹏，郭军，赵煜飞，等，2022. 北京1841年以来均一化最高和最低气温日值序列的构建[J]. 气象学报，80(1)：136-152.

司鹏，郝立生，傅宁，等，2023. 河北保定百年均一化逐日气温序列的建立及其气候变化特征[J]. 大气科学学报，待发表.

唐国利，任国玉，2005. 近百年中国地表气温变化趋势的再分析[J]. 气候与环境研究，10(4)：791-798.

王绍武，叶瑾琳，龚道溢，等，1998. 近百年中国年气温序列的建立[J]. 应用气象学报，9(4)：392-401.

王绍武，龚道溢，叶瑾琳，等，2000. 1880年以来中国东部四季降水量序列及其变率[J]. 地理学报，35(3)：281-293.

王玉洁，林欣，2022. 京津冀城市群气候变化及影响适应研究综述[J]. 气候变化研究进展，18(6)：743-755.

吴增祥，2007. 中国近代气象台站[M]. 北京：气象出版社.

余予，李俊，任芝花，等，2012. 标准序列法在日平均气温缺测数据插补中的应用[J]. 气象，38(9)：1135-1139.

郑景云，刘洋，葛全胜，等，2015. 华中地区历史物候记录与1850—2008年的气温变化重建[J]. 地理学报，70(5):696-704.

翟盘茂，潘晓华，2003. 中国北方近50年温度和降水极端事件变化[J]. 地理学报，58(增刊):1-10.

翟盘茂，袁宇锋，余荣，等，2019. 气候变化和城市可持续发展[J]. 科学通报，64(19):1995-2001.

邹海波，吴珊珊，单九生，等，2015. 2013年盛夏中国中东部高温天气的成因分析[J]. 气象学报，73(3):481-495.

ALLEN R J, DEGAETANO A T, 2001. Estimating missing daily temperature extremes using an optimized regression approach[J]. International Journal of Climatology, 21(11):1305-1319.

ALEXANDER L V, ZHANG X B, PETERSON T C, et al, 2006. Global observed changes in daily climate extremes of temperature and precipitation[J]. Journal of Geophysical Research—Atmospheres, 111, D05109.

ARGUEZ A, DURRE I, APPLEQUIST S, et al, 2012. NOAA's 1981—2010 U. S. climate normals: An overview[J]. Bulletin of the American Meteorological Society, 93(11): 1687-1697.

ARGUEZ A, APPLEQUIST S, 2013. A harmonic approach for calculating daily temperature normals constrained by homogenized monthly temperature normals[J]. Journal of Atmospheric and Oceanic Technology, 30(7): 1259-1265.

BAI K, LI K, WU C, et al, 2020. A homogenized daily in situ $PM_{2.5}$ concentration dataset from the national air quality monitoring network in China[J]. Earth System Science Data, 12: 3067-3080.

BAI X M, DAWSON R J, ÜRGE-VORSATZ D, et al, 2018. Six research priorities for cities and climate change[J]. Nature, 555: 23-25.

BALLING R C, SKINDLOV J A, PHILLIPS D H, 1990. The impact of increasing summer mean temperatures on extreme maximum and minimum temperatures in Phoenix, Arizona[J]. Journal of Climate, 3: 1491-1494.

BOJINSKI S, VERSTRAETE M M, PETERSON T C, et al, 2014. The concept of essential climate variables in support of climate research, applications, and policy[J]. Bulletin of the American Meteorological Society, 95(9): 1431-1443.

BONSAL B R, ZHANG X, VINCENT L A, et al, 2001. Characteristics of daily and extreme temperatures over Canada[J]. Journal of Climate, 14(9):1959-1976.

BROHAN P, KENNEDY J J, HARRIS I, et al, 2006. Uncertainty estimates in regional and global observed temperature changes: A new dataset from 1850[J]. Journal of Geophysical Research, 111(D12):D12106.

CAO L J, ZHAO P, YAN Z W, et al, 2013. Instrumental temperature series in eastern and central China back to the nineteenth century[J]. Journal of Geophysical Research, 118(15):8197-8207.

CAO L J, YAN Z W, ZHAO P, et al, 2017. Climatic warming in China during 1901—2015 based on an extended dataset of instrumental temperature records[J]. Environmental Research Letters, 12(6):064005.

CAUSSINUS H, MESTRE O, 2004. Detection and correction of artificial shifts in climate series[J]. Applied Statistics, 53(3):405-425.

CHEN R D, LU R Y, 2015. Comparisons of the circulation anomalies associated with extreme heat in different regions of Eastern China[J]. Journal of Climate, 28(14): 5830-5844.

CHRIPKO S, MSADEK R, SANCHEZ-GOMEZ E, et al, 2021. Impact of reduced Arctic sea ice on Northern hemisphere climate and weather in autumn and winter[J]. Journal of Climate, 34(14): 5847-5867.

DELLA-MARTA P M, WANNER H, 2006. A method of homogenizing the extremes and mean of daily temperature measurements[J]. Journal of Climate, 19(17):4179-4197.

EASTERLING D R, PETERSON T C, 1995a. The effect of artificial discontinuities on recent trends in minimum and maximum temperatures[J]. Atmospheric Research, 37(1-3):19-26.

EASTERLING D R, PETERSON T C, 1995b. A new method for detecting undocumented discontinuities in climatological time series[J]. International Journal of Climatology, 15(4):369-377.

FREYCHET N, TETT S F B, HEGERL G C, et al, 2018. Central-Eastern China persistent heat waves: evaluation of the AMIP models[J]. Journal of Climate, 31(9): 3609-3624.

FRICH P, ALEXANDER L V, DELLA-MARTA P, et al, 2002. Observed coherent changes in climatic extremes during the second half of the twentieth century[J]. Climate Research, 19(3): 193-212.

GROSS A M, 1977. Confidence intervals for bisquare regression estimates[J]. Journal of the American Statistical Association, 72(358): 341-354.

HAIMBERGER L, TAVOLATO C, SPERKA S, 2012. Homogenization of the global radiosonde temperature dataset through combined comparison with reanalysis background series and neighboring stations[J]. Journal of Climate, 25(23):8108-8131.

HARRIS I, OSBORN T J, JONES Phil, et al, 2020. Version 4 of the CRU TS monthly high-resolution gridded multivariate climate dataset[J]. Scientific Data, 7: 109.

HANSEN J, RUEDY R, SATO M, et al, 2010. Global surface temperature change[J]. Reviews of Geophysics, 48(4):RG4004.

HEWAARACHCHI A P, LI Y B, LUND R, et al, 2017. Homogenization of daily temperature data[J]. Journal of Climate, 30(3):985-999.

HOBDAY A J, ALEXANDER L V, PERKINS S E, et al, 2016. A hierarchical approach to defining marine heatwaves[J]. Progress in Oceanography, 141(652): 227-238.

HUANG B Y, THORNE P W, BANZON V F, et al, 2017. Extended reconstructed sea surface temperatures version 5 (ERSSTv5): upgrades, validations, and intercomparisons[J]. Journal of Climate, 30(20): 8179-8205.

IPCC: Climate Change 2001, 2001. The Scientific Basis, in: Contribution of Working Group Ⅰ to the Third Assessment Report of the Intergovernmental Panel on Climate Change[R]. Cambridge: Cambridge University Press.

IPCC: Climate Change 2007, 2007. The Physical Science Basis, in: Contribution of Working Group Ⅰ to the Fourth Assessment Report of the Intergovernmental Panel on Climate Change[R]. Cambridge: Cambridge University Press.

IPCC: Climate Change 2013, 2013. The Physical Science Basis, in: Contribution of Working Group Ⅰ to the Fifth Assessment Report of the Intergovernmental Panel on Climate Change[R]. Cambridge: Cambridge University Press.

IPCC: Climate Change 2021, 2021. The Physical Science Basis, in : Contribution of Working Group Ⅰ to the Sixth Assessment Report of the Intergovernmental Panel on Climate Change[R]. Cambridge: Cambridge University Press.

JONES P D, LISTER D H, LI Q X, 2008. Urbanization effects in large-scale temperature records, with an emphasis on China[J]. Journal of Geophysical Research, 113(D16):D16122.

JONES P D, LISTER D H, OSBORN T J, et al, 2012. Hemispheric and large-scale land-surface air temperature variations: An extensive revision and an update to 2010[J]. Journal of Geophysical Research, 117 (D5):D05127.

JORGE L P, LAURENT T, 2022. Tropical North Atlantic response to ENSO: sensitivity to model spatial resolution[J]. Journal of Climate, 35(1): 3-16.

KANAMITSU M, EBISUZAKI W, WOOLLEN J, et al, 2002. NCEP-DOE AMIP-Ⅱ REANALYSIS (R-2) [J]. Bulletin of the American Meteorological Society, 83(11): 1631-1643.

LAU N C, NATH M J, 2003. Atmosphere-ocean variations in the Indo-Pacific Sector during ENSO episodes [J]. Journal of Climate, 16(1): 3-20.

LAWRIMORE J H, MENNE M J, GLEASON B, et al, 2011. An overview of the global historical climatology network monthly mean temperature data set, Version 3[J]. Journal of Geophysical Research Atmospheres, 116: D19121.

LEEPER R D, RENNIE J, PALECKI M A, 2015. Observational perspectives from U. S. climate reference network (USCRN) and cooperative observer program (COOP) network: temperature and precipitation comparison[J]. Journal of Atmospheric and Oceanic Technology, 32(4):703-721.

LENSSEN N J L, SCHMIDT G A, HANSEN J, et al, 2019. Improvements in the GISTEMP uncertainty model[J]. Journal of Geophysical Research Atmospheres, 124(12):6307-6326.

LI Z, YAN Z W, CAO L J, et al, 2014. Adjusting inhomogeneous daily temperature variability using wavelet analysis[J]. International Journal of Climatology, 34(4):1196-1207.

LI Z, YAN Z W, WU H, 2015. Updated homogenized Chinese temperature series with physical consistency [J]. Atmospheric and Oceanic Science Letters, 8(1):17-22.

LI Z, YAN Z W, CAO L J, et al, 2018. Further-adjusted longterm temperature series in China based on MASH[J]. Advances in Atmospheric Sciences, 35(8):909-917.

LI L C, YAO N, LI Y, et al, 2019. Future projections of extreme temperature events in different sub-regions of China[J]. Atmospheric Research, 217: 150-164.

LI Q X, ZHANG H Z, LIU X N, et al, 2004. Urban heat island effect on annual mean temperature during the last 50 years in China[J]. Theoretical and Applied Climatology, 79(3-4):165-174.

LI Q X,DONG W J,LI W, et al, 2010a. Assessment of the uncertainties in temperature change in China during the last century[J]. Chinese Science Bulletin, 55(19):1974-1982.

LI Q X, LI W, SI P, et al, 2010b. Assessment of surface air warming in northeast China, with emphasis on the impacts of urbanization[J]. Theoretical and Applied Climatology, 99 (3-4): 469-478.

LI Q X, ZHANG L, XU W H, et al, 2017. Comparisons of time series of annual mean surface air temperature for China since the 1900s: observations, model simulations and extended reanalysis[J]. Bulletin of the American Meteorological Society, 98(4):699-711.

LI Q X, DONG W J, JONES P, 2020a. Continental scale surface air temperature variations: experience derived from the Chinese region[J]. Earth-Science Reviews, 200, 102998.

LI Q X, SUN W B, HUANG B Y, et al, 2020b. Consistency of global warming trends strengthened since 1880's[J]. Science Bulletin, 65(20):1709-1712.

LI Q X, SUN W B, YUN X, et al, 2021. An updated evaluation of the global mean land surface air temperature and surface temperature trends based on CLSAT and CMST[J]. Climate Dynamics, 56: 635-650.

LI Y, TINZ B, STORCH H, et al, 2018. Construction of a surface air temperature series for Qingdao in China for the period 1899 to 2014[J]. Earth System Science Data, 10(1):643-652.

LIN S, FENG J M, WANG J, et al, 2016. Modeling the contribution of long-term urbanization to temperature increase in three extensive urban agglomerations in China[J]. Journal of Geophysical Research, 121 (4): 1683-1697.

LV Y M, GUO J P, YIM S H, et al, 2020. Towards understanding multi-model precipitation predictions from CMIP5 based on China hourly merged precipitation analysis data [J]. Atmospheric Research, 231: 104671.

MASON S J, MIMMACK G M, 2002. Comparison of some statistical methods of probabilistic forecasting of ENSO[J]. Journal of Climate, 15(1): 8-29.

MENNE M J, WILLIAMS Jr C N, 2009. Homogenization of temperature series via pairwise comparisons[J]. Journal of Climate, 22(7):1700-1717.

MENNE M J, DURRE I, VOSE R, S, et al, 2012. An overview of the global historical climatology network-daily database[J]. Journal of Atmospheric and Oceanic Technology, 29(7):897-910.

MENNE M J, WILLIAMS C N, GLEASON B E, 2018. The global historical climatology network monthly temperature dataset, Version 4[J]. Journal of Climate, 31(24): 9835-9854.

NAYAK S, DAIRAKU K, TAKAYABU I, et al, 2018. Extreme precipitation linked to temperature over Japan: current evaluation and projected changes with multi-model ensemble downscaling [J]. Climate Dynamics, 51(4):4385-4401.

NEELIN J D, BATTISTI D S, HIRST A C, et al, 1998. ENSO theory[J]. Journal of Geophysical Research, 103: 14262-14290.

OLIVER E C J, BENTHUYSEN J A, DARMARAKI S, et al, 2021. Marine heatwaves[J]. Annual Review of Marine Science, 13: 313-342.

ONARHEIM I H, ELDEVIK T, SMEDSRUD L H, et al, 2018. Seasonal and regional manifestation of Arctic sea ice loss[J]. Journal of Climate, 31(12): 4917-4932.

PEDERSEN R A, CVIJANOVIC I, LANGEN P L, et al, 2016. The impact of regional arctic sea ice loss on atmospheric circulation and the NAO[J]. Journal of Climate, 29(2): 889-902.

PERKINS-KIRKPATRICK S E, 2011. Biases and model agreement in the projections of climate extremes over the tropical Pacific[J]. Earth Interactions, 15(24): 1-36.

PETERSON T, EASTERLING D, KARL T, et al, 1998. Homogeneity adjustments of in situ atmospheric climate data: a review[J]. International Journal of Climatology, 18(13):1493-1517.

PETERSON T C, FOLLAND C, GRUZA G, et al, 2001. Report on the activities of the Working Group on Climate Change detection and related rapporteurs 1998—2001[R]. ICPO Publication Series No. 48.

PETERSON T C, VOSE R S, 1997. An overview of the global historical climatology network temperature database[J]. Bulletin of the American Meteorological Society, 78(12):2837-2850.

PNG I P L, CHEN Y, CHU J H, et al, 2020. Temperature, precipitation and sunshine across China, 1912—1951: A new daily instrumental dataset[J]. Geoscience Data Journal, 7: 90-101.

QUAYLE R G, EASTERLING D R, KARL T R, et al, 1991. Effects of recent thermometer changes in the cooperative station network[J]. Bulletin of the American Meteorological Society, 72(11):1718-1723.

RAHIMZADEH F, ZAVAREH M N, 2014. Effects of adjustment for non-climatic discontinuities on determination of temperature trends and variability over Iran[J]. International Journal of Climatology, 34(6):2079-2096.

REN G Y, CHU Z Y, CHEN Z H, et al, 2007. Implications of temporal change in urban heat island intensity observed at Beijing and Wuhan stations[J]. Geophysical Research Letters, 34(5): L05711.

RODIONOV S N, 2004. A sequential algorithm for testing climate regime shifts[J]. Geophysical Research Letters, 31 (9): L09204.

RODIONOV Sergei, OVERLAND J E, 2005. Application of a sequential regime shift detection method to the Bering Sea ecosystem[J]. ICES Journal of Marine Science, 62: 328-332.

ROHDE R A, HAUSFATHER Z, 2020. The Berkeley Earth land/ocean temperature record[J]. Earth System Science Data, 12(4):3469-3479.

ROHDE R, MULLER R A, JACOBSEN R, et al, 2013a. A new estimate of the average earth surface land temperature spanning 1753 to 2011[J]. Geoinformatics & Geostatistics: An overview, 1: 1.

ROHDE R, MULLER R, JACOBSEN R, et al, 2013b. Berkeley earth temperature averaging process[J]. Geoinformatics & Geostatistics: An overview, 1: 2.

ROHDE R, LEAD SCIENTIST, BERKELEY EARTH SURFACE TEMPERATURE, 2013c. Comparison of Berkeley Earth, NASA GISS, and Hadley CRU averaging techniques on ideal synthetic data[J]. http://berkeleyearth.org/.

RUSCHY D L, BAKER D G, SKAGGS R, 1991. Seasonal variation in daily temperature ranges[J]. Journal of Climate, 4(12): 1211-1216.

SEONG M G, MIN S K, KIM Y H, et al, 2021. Anthropogenic greenhouse gas and aerosol contributions to extreme temperature changes during 1951—2015[J]. Journal of Climate, 34(3): 857-870.

SI P, REN Y, LIANG D P, et al, 2012. The combined influence of background climate and urbanization on the regional warming in Southeast China[J]. Journal of Geographical Sciences, 22(2): 245-260.

SI P, ZHENG Z F, REN Y, et al, 2014. Effects of urbanization on daily temperature extremes in North China [J]. Journal of Geographical Sciences, 24(2):349-362.

SI P, LUO C J, LIANG D P, 2018. Homogenization of Tianjin monthly near-surface speed wind using RHtestsV4 for 1951—2014[J]. Theoretical and Applied Climatology, 132(3-4):1303-1320.

SI P, LUO C J, WANG M, 2019. Homogeneity of surface pressure data in Tianjin, China[J]. Journal of Meteorological Research, 33(6):1131-1142.

SI P, LI Q X, JONES P, 2021. Construction of homogenized daily surface air temperature for the city of Tianjin during 1887—2019[J]. Earth System Science Data, 13: 2211-2226.

SHOURASENI S R, YUAN F, 2009. Trends in extreme temperatures in relation to urbanization in the twin cities metropolitan area, Minnesota[J]. Journal of Applied Meteorology and Climatology, 48: 669-679.

STEURER P, 1985. Creation of a serially complete data base of high quality daily maximum and minimum temperature[M]. Washington D C: National Climate Center, NOAA, 21.

SUN W B, LI Q X, HUANG B Y, et al, 2021. The assessment of global surface temperature change from 1850s: The C-LSAT2.0 ensemble and the CMST-interim datasets[J]. Advances in Atmospheric Sciences, 38: 875-888.

SUN L, ALEXANDER M, DESER C, et al, 2018. Evolution of the global coupled climate response to Arctic sea ice loss during 1990—2090 and its contribution to climate change[J]. Journal of Climate, 31(19): 7823-7843.

TAN H J, CAI R S, WU R G, 2022. Summer marine heatwaves in the South China Sea: Trend, variability and possible causes[J]. Advances in Climate Change Research, 13(3): 323-332.

TAN J G, ZHENG Y F, TANG X, et al, 2010. The urban heat island and its impact on heat waves and human health in Shanghai[J]. International Journal of Biometeorology, 54: 75-84.

TREWIN B, 2013. A daily homogenized temperature data set for Australia[J]. International Journal of Climatology, 33(6):1510-1529.

VINCENT L A, ZHANG X, BONSAL B R, et al, 2002. Homogenization of daily temperature over Canada [J]. Journal of Climate, 15(11):1322-1334.

VINCENT L A, WANG X L, MILEWSKA E J, et al, 2012. A second generation of homogenized Canadian monthly surface air temperature for climate trend analysis[J]. Journal of Geophysical Research, 117(D18): D18110.

WANG X L, WEN Q H, WU Y, 2007. Penalized maximal t test for detecting undocumented mean change in climate data series[J]. Journal of Applied Meteorology and Climatology, 46(6):916-931.

WANG X L, 2008. Penalized maximal F test for detecting undocumented mean shifts without trend change [J]. Journal of Atmospheric an Oceanic Technology, 25(3): 368-384.

WANG X L, CHEN H F, WU Y H, et al, 2010. New techniques for the detection and adjustment of shifts in daily precipitation data series[J]. Journal of Applied Meteorology and Climatology, 49(12):2416-2436.

WANG J F, XU C D, HU M G, et al, 2014. A new estimate of the China temperature anomaly series and uncertainty assessment in 1900—2006[J]. Journal of Geophysical Research: Atmospheres, 119(1):1-9.

WANG M N, YAN X D, LIU J Y, et al, 2013. The contribution of urbanization to recent extreme heat events and a potential mitigation strategy in the Beijing-Tianjin-Hebei metropolitan area[J]. Theoretical and Applied Climatology, 114: 407-416.

WILLIAM S C, 1979. Robust locally weighted regression and smoothing scatterplots[J]. Journal of the American Statistical Association, 74(368): 829-836.

XU W Q, LI Q X, WANG X L, et al, 2013. Homogenization of Chinese daily surface air temperatures and analysis of trends in the extreme temperature indices[J]. Journal of Geophysical Research Atmospheres, 118 (17):9708-9720.

XU W H, LI Q X, JONES Phil, et al, 2018. A new integrated and homogenized global monthly land surface air temperature dataset for the period since 1900[J]. Climate Dynamics, 50(15):2513-2536.

YAN Z W, YANG C, JONES P, 2001. Influence of inhomogeneity on the estimation of mean and extreme temperature trends in Beijing and Shanghai[J]. Advances in Atmospheric Sciences, 18(3):309-322.

YAN Z W, DING Y H, ZHAI P M, et al, 2020. Re-Assessing Climatic Warming in China since 1900[J]. Journal of Meteorological Research, 34(2):243-251.

YUAN C X, LI W M, 2019. Variations in the frequency of winter extreme cold days in Northern China and possible causalities[J]. Journal of Climate, 32(23): 8127-8141.

YUN X, HUANG B Y, CHENG J Y, et al, 2019. A new merge of global surface temperature datasets since the start of the 20th Century[J]. Earth System Science Data, 11: 1629-1643.

YU L J, ZHONG S Y, QIU Y B, et al, 2020. Trend in short-duration extreme precipitation in Hong Kong [J]. Frontiers of Environmental Science & Engineering, 8: 581536.

ZHAO P, JONES P, CAO L J, et al, 2014. Trend of surface air temperature in Eastern China and associated large-scale climate variability over the last 100 years[J]. Journal of Climate, 27(12):4693-4703.

ZHAO Y J, NIGAM S, 2015. The Indian Ocean Dipole: A monopole in SST[J]. Journal of Climate, 28(1): 3-19.

ZHANG W X, ZHOU T J, ZOU L W, et al, 2018. Reduced exposure to extreme precipitation from 0.5 ℃ less warming in global land monsoon regions[J]. Nature Communications, 9(1):3153.

ZHANG X, ALEXANDER L, HEGERL G C, et al, 2011. Indices for monitoring changes in extremes based on daily temperature and precipitation data[J]. Climatic Change, 2(6):851-870.

ZHOU L M, DICKINSON R E, TIAN Y H, et al, 2004. Evidence for a significant urbanization effect on climate in China[J]. Proceedings of the National Academy Sciences, 101(26): 9540-9544.